U0392525

赵序茅 ——————— 著

你好，
动物翻译官

濒危的动物难再见

SPM
南方传媒 | 广东人民出版社
·广州·

濒危动物的定义分为科学上的定义和管理上的定义。从保护生物学上看，濒危动物是指种群小、无法维持野外数量增长的物种类群。从物种的保护和管理角度来讲，"濒危"作为专业名称，为世界自然保护联盟标准保护级别之一（此外，还有"极危""易危"等级别，共9个）。同样的物种在不同国家存在着保护等级上的差异。由于分布空间狭小、种群数量稀少，一旦一个物种被打上濒危的"标签"，我们可能就很难再见到它们了。

野生动物之所以会濒危，一般来说有两种情况，一种是因为其自身无法适应气候环境的变化导致的，另一种是因人类活动导致的。我们关注濒危动物，重点需要关注的是后者。

曾经因人类活动引起的物种濒危，典型的例子就是大熊猫。很多人天真地以为大熊猫濒危是因为其自身生存本领不行，那就大错特错了。大熊猫具备较高的演化潜力，在进化历史上，它通过多次改变食性来适应变化的环境，可谓适者生存的佼佼者。然而，人类破坏、砍伐森林，甚至一度猎杀大熊猫，导致大熊猫的生存状况岌岌可危，以至于濒临灭绝。

为什么我们要关注濒危物种，尤其是濒危动物？

我们需要明白一个物种灭绝之后会带来哪些影响。很多人觉得，地球上有几百万个物种之多，灭绝几个物种也是无伤大雅的。其实不然，生态系统看似宏大，实则有如一台精密的仪器，每一个物种都是这台仪器上的零件，且和其他物种发生千丝万缕的联系。一旦某个物种不存在了，和它相关的20~30个物种的生存都会受到威胁，这样就会产生灭绝的多米诺骨牌效应，会对整个生态系统的稳定性带来灾难性的影响，当然，也会影响到人类自身的生存。

比如，坦桑尼亚的塔兰吉雷国家公园中大象和犀牛被严重偷猎，伴随着大象和犀牛的数量减少，保护区附近人家饲养的牛羊等牲畜也出现大量死亡现象。专家发现，造成家畜大量死亡的，是一种生活在灌木丛中的舌蝇，其叮咬可致使动物患病，而在自然状态下，大象和犀牛有踩踏灌木的习惯，会在一定程度上控制灌木的数量。由于大象和犀牛的数量大幅减少，灌木的数量大幅增加，为舌蝇的繁殖提供了良好的条件，导致牲畜受到传染病的严重侵害而死亡。

野生动物是生物多样性的重要组成部分，在生态系统中发挥着不可或缺的作用。要知道，病毒先于人类存在于地球上，而人类之所以没有被更多病毒感染，重要的原因之一，就是野生动物在病毒与人类之间竖起了一道屏障。

人类保护濒危物种不是怜悯，而是一种自我救赎！要保护濒危动物，我们首先要对其有深入的研究和了解，这不仅是学者们的工作，更需要全民的参与。本书中选取了一些"明星"物种，比如大熊猫、金丝猴、雪豹、亚洲象……通过介绍国内外的科研工作者对这些物种最新的研究成果，揭示了动物们不为人知的习性。希望这些最新的研究成果能够尽快为大众所获悉，提高生态文明素养，进而保护和关注中国的濒危动物，由此形成一个科研、科普、保护的良性互动。

目录

CONTENTS

陆地兽类

雪豹与藏羚羊"降级"

　　随着国家对生态保护的重视、对物种多样性保护力度的加大，近年来中国物种多样性保护取得明显的成效，其中最突出的表现在于：雪豹和藏羚羊被世界自然保护联盟（IUCN）"降级"了。

　　2017年9月，世界自然保护联盟在其官方网站发文称，基于新的调查数据，雪豹在《世界自然保护联盟濒危物种红色名录》里的级别从"濒危"调整为"易危"。2021年8月，我国藏羚羊保护级别从"濒危"降为"近危"。

　　对于物种保护来说，"降级"缘于这物种保护得较好，种群得以恢复并保持稳定。因此，名录的降级其实是保护成效的升级。

　　在此，我们首先需要了解动物保护的级别和标准。

对于动物的保护级别，大致分为国际标准和国内标准。

世界自然保护联盟，简称IUCN。该组织对全球物种受威胁的等级划定了一个标准，根据数目下降速度、物种总数、地理分布、群族分散程度等准则分类，制定了《世界自然保护联盟濒危物种红色名录》，将物种编入9个不同的保护级别，它们分别是：

①灭绝（EX）　　　　②野外灭绝（EW）　　　③极危（CR）
④濒危（EN）　　　　⑤易危（VU）　　　　　⑥近危（NT）
⑦无危（LC）　　　　⑧数据缺乏（DD）　　　⑨未评估（NE）

其中，"极危""濒危"和"易危"统称"受威胁"。

物种保护有国际标准，同样也有国内标准。

我国的动物保护主要以《国家重点保护野生动物名录》为依据，可以分为一级保护动物和二级保护动物；另外，还有"三有动物"名录，即《国家保护的有重要生态、科学、社会价值的陆生野生动物名录》。

除了极少数动物不在保护之列，中国境内绝大部分动物都在这两大名录中。

国内标准和国际标准有统一的地方，比如中国相当一部分"一级保护动物"处于国际标准的"濒危"级别，在重视程度上是一致的，比如川金丝猴、滇金丝猴等。

同时，两个标准也存在不协调的地方。比如国际上认为一些物种已经保护得很好，保护级别从"濒危"调整到"易危"甚至"近危"，但在中国，它们依旧位列"一级保护动物"的名单，比如大熊猫、雪豹、藏羚羊。

针对我国的野生动物保护，世界自然保护联盟的标准一般低于我国标准，只可作为参考。《国家重点保护野生动物名录》划分的一级、二级标准，才是实实在在的可作为执法依据的标准。

比如，偷猎国家一级保护动物是触犯刑法的。野生动物的保

护级别越高，意味着国家和社会对它的保护越严格，一旦遭到猎杀，犯罪者付出的代价也越大。

不仅如此，对于很多开发建设活动也要进行环境评估，考虑工程有可能侵占野生动物栖息地的情况下，也会参考此名录标准。

但是，保护级别越高，一般也意味着它们的种群数量越少，受到威胁的程度越高，灭绝的风险也越高。

几十年来，由于执行较高的保护标准，中国在野生动物保护方面取得了重大进展。如今，藏羚羊和雪豹被世界自然保护联盟从"濒危"降级，这是对于中国保护野生动物事业和生态文明建设的充分肯定。

但同样是被世界自然保护联盟降级，藏羚羊和雪豹的保护现状却有所区别。

1 雪豹"降级"了，但其生存状态并未改善

依据雪豹目前的生存状态进行评估，雪豹的确被"降级"了，然而实际上，这更大程度上得益于近10年来调查技术的改进。

对雪豹的调查难度和保护难度，一直以来都是比较高的。在红外相机还没有普及之前，国内很少见到雪豹的野外照片，仅有对其痕迹的零星发现。而近10年来，红外相机普及，大大提高了对雪豹的调查效率，同样也提高了雪豹的出镜率。

比如，国家林业和草原局中南调查规划院（简称"中南院"）仅在西藏昌都洛隆县一地，就发现了一条"雪豹峡谷"。

2019年以来，中南院利用红外相机等先进技术对"雪豹峡谷"及周边的野生动物进行了调查监测，发现在"雪豹峡谷"及其周边至少生活着3个以上的雪豹繁殖种群。同时，该区域还分布了大量岩羊种群。

可见，我们只不过比以往更深入地认识了雪豹，而并不能说雪豹的生存状态因为人类的调查技术提高而得到了本质的改善。

2 藏羚羊"降级"是自身属性和保护力度改善的直接产物

动物小档案

- **学名：**藏羚
- **门：**脊索动物门
- **纲：**哺乳纲
- **目：**偶蹄目
- **科：**牛科
- **属：**藏羚属
- **保护级别：**近危、国家一级保护野生动物

与食肉动物相比，食草动物处于食物链的较低等级，它们繁殖力较高、领地小，因此其保护难度远远小于大型食肉动物。

人类对于藏羚羊的威胁主要是偷猎活动，随着国家对于偷猎的打击力度的加强，加上藏羚羊自身较高的繁殖能力，其种群得到了迅速恢复。

根据国家林业和草原局最新发布的数据，近年来随着我国生态保护和打击盗猎力度的加强，我国藏羚羊数量已从20世纪八九十年代的不足7万只，增加至目前的约30万只。

长期在青藏高原工作的中南院工程师表示，现在青藏高原活跃的藏羚羊具有很高的遇见率。这直观地反映出我国对该物种保护的成效。

3 雪豹的保护难度远远大于藏羚羊

雪豹是一种重要的大型猫科食肉动物和旗舰种，是青藏高原山地生态系统的重要组成部分，是判断高原生态系统完整性和健康状况的指示种。

在保护生物学中有一些专业概念，我们来介绍常见的三种。

旗舰种：指能够吸引公众关注的物种。比较知名的旗舰种有大熊猫、孟加拉虎、非洲象、亚洲象、雪豹等。旗舰种不仅能够使本物种受到更好的保护，也能连带保护那些影响力较小的物种。

指示种：能够指示其他物种或环境状况的物种。比如雪豹的生存状态稳定，能够说明其所在高原地区的生态系统较为完整健康。

伞护种：其生境需求能涵盖其他物种生境需求的物种。简单来说，对伞护种进行保护，也就为许多其他生物提供了保护伞。比如，鲸鱼的生存环境涵盖了许多鱼类及水生动物的生存环境，保护鲸鱼的生存环境，也就等同于保护了那些鱼类和水生动物。

处于食物链顶端、领地大、繁殖力低、栖息地破碎化严重、人兽冲突显著等原因，导致雪豹保护难度较大。而相比之下，藏羚羊繁殖力高，食草为主，只要保障其栖息地的安全，其种群恢复非常迅速。

虽然都已"降级"，但对于雪豹和藏羚羊的保护还是不能松懈，尤其是对雪豹的保护。

对于藏羚羊应该以保护其栖息地的安全为主，对于雪豹的保护则是一个系统的工程，需要加大调查力度、评估栖息地的脆弱性、缓解人兽冲突等。

"辣眼睛"的大熊猫

《水浒传》第三十九回提到，宋江在浔阳楼醉酒题了反诗，酒醒后也很后悔。当时在衙门里当差的戴宗听到要拘捕宋江的命令，赶紧运起神行大法，赶在他人之前找到宋江，建议他装疯脱罪。然后戴宗再跟其他官差会合，假意前来捉拿，于是就有了这样一幕：

戴宗慌忙别了宋江，回到城里，径来城隍庙，唤了众人做公的，一直奔入牢城营里来。径喝问了："那个是新配来的宋江？"牌头引众人到抄事房里，只见宋江披散头发，倒在尿屎坑里滚。见了戴宗和做公的人来，便说道："你们是甚么鸟人？"戴宗假意大喝一声："捉拿这厮！"宋江白着眼，却乱打将来，口里乱道："我是玉皇大帝的女婿，丈人

教我领十万天兵，来杀你江州人。阎罗大王做先锋，五道将军做合后。与我一颗金印，重八百余斤。杀你这般鸟人！"众做公的道："原来是个失心风的汉子，我们拿他去何用？"戴宗道："说得是。我们且去回话，要拿时再来。"

唉，可见为了自保，江湖大哥也顾不得形象啊！在一些影视作品里，这一情节甚至被演绎成宋江把这些污秽之物往嘴里塞。但是很不幸，他一顿操作猛如虎，奈何举报他的黄文炳一心想要靠查办此事升官发财，识破了这个伎俩，宋江最终还是没能蒙混过关。

但你肯定想不到，同样是为了生存，我们的国宝大熊猫也曾经做过类似的事情。

中科院动物研究所魏辅文院士团队长期观察和研究大熊猫。在2007年，他们无意中发现，大熊猫竟然会把马粪涂抹在自己身上。我们的国宝竟然有如此癖好，真让人大跌眼镜！

如此行为自然引起了魏院士团队的关注，他们马上展开了相应的研究。

首先需要弄清楚的是，这次发现是个例还是普遍现象。如果是大熊猫中的某个体一时心血来潮的偶然行为，那就没有什么研究价值；如果是普遍存在的行为，那就要一探究竟了。

团队为了观察大熊猫，在陕西佛坪国家级自然保护区布设了红外相机，这样可以尽可能保证全天候观察，避免错过某个精彩瞬间。

动物小档案

■ 学名：大熊猫

■ 门：脊索动物门

■ 纲：哺乳纲

■ 目：食肉目

■ 科：熊科

■ 属：大熊猫属

■ 保护级别：易危、国家一级保护野生动物

从 2016 年 7 月到 2017 年 6 月，该摄像机共记录了 38 次"滚马粪"行为，一次活动的平均时长为 141.3 秒。这证明了研究者们此前的猜想：这不是偶然行为。

研究者还为大熊猫的"滚马粪"行为赋予了标准化定义，甚至还给这个行为起了一个学术名称——horse manure rolling（滚马粪），英文缩写为"HMR"。

团队还发现，大熊猫对自己要使用的马粪要求很高，只有新鲜的（10 天内的）粪便，它们才会选用。而超过 10 天的马粪，看起来对它们没有任何吸引力。不止如此，每次涂马粪，大熊猫都异常认真，还会在其中翻滚，好让自己的脸和身体都均匀地涂上马粪。

"滚滚"们的这个癖好，可真是辣眼睛……

但这种行为真的令人迷惑啊！它背后的意图是什么呢？换言之，这一行为对于大熊猫的生存有何意义？

要回答这一问题，还需要从两方面入手：一是大熊猫本身，二是马粪本身。

我们先从大熊猫身上找原因，看看大熊猫是全年都有这种行为，还是某一个季节才有。

观察表明，大熊猫只在冬季才有这种行为。通过进一步观察发现，在气温 –5℃~15℃ 的时候，大熊猫才会进行这种活动，且温度越低，它们涂抹马粪的行为越频繁。

接着，我们来了解一下大熊猫冬季的生活环境。佛坪保护区所在的秦岭山地，冬季严寒，这样的气候条件，对于所有的动物生存都是一种考验。为了保暖，这里的动物有的选择"开源"，囤积了大量食物或者体内脂肪；有的选择"节流"，比如大熊猫的亲戚黑熊，就选择通过冬眠来降低自己的能量消耗。

冬季本就食物短缺，大熊猫最爱的竹子更是一种"低卡美食"，然后这家伙还不冬眠。多方面因素叠加，我们可以得知，大熊猫的冬天可能过得挺艰难的。那么，据此可以合理提出一个科学假设：大熊猫冬季涂抹马粪，可能和保暖有关。

想要实现冬季保暖，一般有物理保暖和化学保暖两种方式。

如果这种行为是物理保暖的话，那么除了涂马粪，涂其他粪应该也可以获得类似的效果，且大熊猫生活的地方，并不缺少其他动物的粪便。为什么大熊猫独独挑中马粪呢？

结合前面介绍的，大熊猫对马粪的新鲜程度非常在意，科学家们猜测，可能是马粪中的某些化学物质吸引到了大熊猫。

这就要对马粪展开深入研究了。魏院士的研究团队发现，在新鲜的马粪中，有两种物质的含量大大高于不新鲜的马粪，它们是 β–石竹烯（简称 BCP）和 β–石竹烯氧化物（简称 BCPO）。

它们会是吸引大熊猫的神秘物质吗？为了验证，团队为熊猫模拟了三种稻草制作的"人工粪堆"，分别喷洒了这两种物质的混合物（简称 BCP/BCPO 混合物）、脂肪酸和水。结果大熊猫疯狂地往身上涂抹喷有混合物的人工粪便，对喷有脂肪酸和水的粪便却不闻不问。这初步表明，大熊猫确实是被马粪中的这两种物质散发的气味吸引，同时也解释了为何大熊猫偏爱新鲜马粪。

新鲜的马粪里究竟有什么？

那么这两种化学物质对大熊猫的冬季保暖有什么帮助呢？这还需要进一步实验验证。

如果 BCP、BCPO 这类化学物质对于大熊猫冬季保暖有帮助的话，那么在大熊猫体内必然会有相应的受体接受这种气味，且接受这种气味后，身体会产生一定的反应。

由于大熊猫是珍稀动物，我们不方便在它们身上直接做实验。于是就请出了同为哺乳动物的替代者——小鼠，帮助我们完成实验。气味对于受体的影响在大熊猫身上和小鼠身上是一样的，因为受体相关的基因组发挥的功能是一致的，这就是可以用小鼠做实验的原因。

团队进行了一个对比试验——给一组小鼠身上涂抹盐水，另一组小鼠涂抹了 BCP/BCPO 混合物，然后观察小鼠的反应。结果显示，涂抹了 BCP/BCPO 混合物的小鼠更愿意待在低温环境中，并且在寒冷气温（4℃）下还表现出了更少的"抱团"现象。没有涂抹 BCP/BCPO 混合物的小鼠，在面对寒冷的时候会进行抱团取暖，这是它们平日里应对冬季严寒一个常用的方式。也就是说，涂抹 BCP/BCPO 混合物的小鼠明显不怕冷了！

BCP/BCPO 究竟有何魔力，可以让哺乳动物冬季不怕冷？

要了解 BCP/BCPO 的功能，我们首先要明白动物是如何感知温度的。

哺乳动物之所以能感受到温度，是通过皮肤上的温度感受器将信号传给大脑的。皮肤上的温度感受器是一种蛋白，位于细胞膜上，它们会随着温度变化而打开和关闭，通过控制离子进出细胞，决定冷（热）信号向中枢神经系统的传输。

有了这些信息，研究团队通

过对大熊猫进行全基因组测序，发现大熊猫的温度感受器可以感知 BCP/BCPO 混合物。这种能够感知温度的蛋白，可以在低温下被激活。蛋白一旦被激活，可以发出信号，抑制大熊猫对低温的反应。

至此，魏辅文团队历时十年，终于解开了"大熊猫滚马粪"之谜。

大熊猫奇葩行为之谜解开了，对这种憨态可掬的国宝，你是不是有了新的认知？怪不得大熊猫可以躲过一次又一次的灭绝风险，原来可爱的外表下隐藏的是生存的智慧。

不过，还有一个小的问题：你有没有想过，大熊猫最开始是如何接触到马粪的呢？

在古代，从陕西到四川的商旅往来必然经过秦岭。过往客商一多，他们的马队留下大批马粪就不足为奇了。可能一个偶然的机会，群体中的某只大熊猫嗅到了新鲜马粪的味道，开始把马粪均匀涂抹在自己身上，随后，惊喜地发现它还有保暖的功能，于是群体中的其他大熊猫个体纷纷效仿。这就是动物界典型的学习行为。之后，大熊猫一代一代将这种"滚马粪保暖"的行为传承了下来。

黑白叶猴的分分合合

白头叶猴

　　灵长类动物是人类的近亲，我们最熟悉的灵长类动物可能就是猴子了。猴子的种类千千万，其中，白头叶猴和黑叶猴这一白一黑、分分合合的"欢喜冤家"十分引人注目。

　　白头叶猴和黑叶猴都是灵长类动物，种群数量均不足2000。其中白头叶猴为中国特有灵长类动物，仅分布于广西崇左；而黑叶猴分布范围略广，国内见于贵州、重庆、广西，国外见于越南等地。

动物小档案

- 学名：白头叶猴
- 门：脊索动物门
- 纲：哺乳纲
- 目：灵长目
- 科：猴科
- 属：叶猴属
- 保护级别：极危、国家一级保护野生动物

在广西，白头叶猴和黑叶猴隔江相望，它们之间最明显的差异就在于头顶的毛色，白头叶猴头顶有一抹白色，如同一顶白帽。

此外，白头叶猴和黑叶猴的差异还体现在行为习性、栖息地选择等方面。

研究表明，黑叶猴和白头叶猴的食物以树叶为主，尤其爱吃嫩叶，果实和种子仅占食物组成的较小部分。在旱季，黑叶猴会增加成熟叶和种子的采食，而白头叶猴虽全年都爱采食大量的嫩叶，但旱季来临时也会增加采食的植物种类。

动物小档案

- 学名：黑叶猴
- 门：脊索动物门
- 纲：哺乳纲
- 目：灵长目
- 科：猴科
- 属：叶猴属
- 保护级别：濒危、国家一级保护野生动物

▼ 黑叶猴

　　白头叶猴和黑叶猴同根同源，那么为什么动物分类学家却把白头叶猴和黑叶猴定义为两个不同的物种呢？

　　物种的形成历来被称为达尔文之谜，吸引着无数进化学和保护生物学领域的专家。兰州大学生态学院赵序茅团队和中科院动物研究所李明团队就结合分子生物学和物种分布模型证据，重塑了末次间冰期以来，白头叶猴和黑叶猴的适宜分布范围和有效种群变化，破解了它们的分离之谜。

　　根据基因组的证据，白头叶猴与黑叶猴在 29 万年前完成分化，分化之后它们依然"藕断丝连"，存在基因交流，即白头叶猴与黑叶猴在很长时间内依然可以"通婚"。

　　在末次间冰期（14 万年前）至末次冰期（1.2 万年前），又出现了第二次基因交流，它们群体间还是可以"通婚"的，没有完全分离。

　　白头叶猴和黑叶猴在几万年间一直保持着分分合合的状态，那么，

白头叶猴家庭

是什么因素在影响它们之间的分合呢？

　　基于物种分布模型的评估，29万年前，白头叶猴与黑叶猴分离后，由于当时地球气候温暖湿润，两种叶猴的适宜栖息地可以连接到一起，且它们的种群也足够大，因此有诸多基因交流的机会。

　　但天有不测风云，好景不长，白头叶猴和黑叶猴分开后遇到了古乡冰期（倒数第二次冰期）。在冰期的作用下，白头叶猴和黑叶猴失去了基因交流的机会，二者分道扬镳，彼此开始适应性进化。

14万年前，地球进入间冰期，气候温暖，白头叶猴和黑叶猴的适宜栖息地再次连接到一起，与此同时，两者的种群数量也呈现上升趋势，因此得以再次交流。

然而末次冰期的到来（2.1万—1.2万年前）却再次中断了它们的"藕断丝连"（基因交流），在此期间，白头叶猴和黑叶猴的适宜栖息地再次发生分离。

此外，寒冷的环境对于物种的生存是一个严峻的挑战，诸多物种开始纷纷减员，白头叶猴和黑叶猴的种群在末次冰期都大幅度减少。剩余的种群栖息于山地庇护所，形成了一个个"孤岛"。

不仅如此，随着自然界的"惊涛骇浪"愈发猛烈，成为"孤岛"的适宜栖息地数量依然继续下降，种群也随之减少。于是白头叶猴和黑叶猴发生了隔离，彼此再次失去了交流。

末次冰盛期之后，寒冷已去，大地回暖，气候开始对物种分布造成新的影响，重新给予白头叶猴和黑叶猴交流的可能。然而，6000多年前人类活动日益频繁，改变了地球原有的面貌，"孤岛"仍然没有连接成"大陆"，使得它们失去了最后交流的机会。

就这样，原本可再次"破镜重圆"的机会被人类活动打破，造成如今白头叶猴和黑叶猴的分布格局。黑叶猴孤立地分布在一个个"孤岛"之中，虽然分布面积广大，但是彼此孤立，无法联通。而白头叶猴被广西境内的左江和明江所隔绝，和黑叶猴如牛郎织女一般隔江相望，无法交流。

至此，在气候变化和人类活动的双层压力下，黑叶猴和白头叶猴完成了彻底的分化，成为两个独立的物种。

那么接下来有一个问题，既然它们成为两个独立的物种，把它们放在一起能不能进行杂交呢？

其实它们之间的杂交不存在问题，毕竟彼此分离的时间没有那么长。但是这种情况无法在自然界完成，因为地理阻隔和行为细小的变化使它们产生了生殖隔离。

就像古诗中所写的那样，"盈盈一水间，脉脉不得语。"对野生动物们来说，破碎的栖息地仿佛一座座孤岛，不仅导致适宜生境的减少，还影响物种的迁移、扩散和建群。生活在"孤岛"上的不同亚种群拥有独特的种群遗传结构，其中一些小种群相对整个种群来说，面临着更大的灭绝风险，它们携带的种群遗传结构更容易丧失，进而使物种遗传多样性不断减少。

另外，白头叶猴和黑叶猴种群数量急剧下降的原因还有人类活动的影响，尤其是20世纪的非法盗猎以及破坏栖息地等行为。偷猎者垂涎它们的毛皮、骨骼等组织结构带来的巨额利润，将其非法贩卖以谋取商业暴利。

目前，国际自然保护联盟（IUCN）已分别将黑叶猴和白头叶猴评定为濒危和极危等级。为了挽救这些可爱的生灵，我们应该以实际行动来保护它们。

第一，严格执法，杜绝非法猎杀，为白头叶猴和黑叶猴种群繁衍生息撑起一把法律保护伞；

第二，通过宣传教育，使人们意识到栖息地保护对拯救这些珍稀濒危物种的重要意义；

第三，栖息地的破碎化使灵长类动物不得不与人类打交道，来自人类群体的传染病让灵长类种群面临严峻的生存挑战。因此有必要开展叶猴流行病及人兽共患病的研究和监测，在灵长类动物与传染病之间拉起一道"隔离带"。

黑白叶猴的"感情纠葛"持续了几十万年之久，二者分离多于团聚。对于物种保护来说，黑叶猴和白头叶猴的分离，无疑增加了保护的难度。但是，对于物种多样性来说，这也不失为一件好事，因为它们的分离，地球上的物种更加丰富了。

野牦牛被驯化

▲ 野牦牛

野牦牛是中国国家一级保护动物，考古学家在距今约300万年前的第四纪中晚更新世地层中发现了野牛等一些有蹄类的化石，在我国始见于西南地区，同时，形态学研究及系统进化的分析结果表明，野牛是现代野牦牛的祖先。

动物小档案

- 学名：野牦牛
- 门：脊索动物门
- 纲：哺乳纲
- 目：偶蹄目
- 科：牛科
- 属：牛属
- 保护级别：易危、国家一级保护野生动物

野牦牛喜欢生活在寒冷、无树的高原上，高原上的嵩草属矮小植物、针茅属等禾本科植物、豆科植物、薹草、垫状驼绒藜等，便成为野牦牛主要的食物来源。野牦牛没有固定的窝，一般随水草在栖息地活动。

　　据记载，百年前野牦牛广泛分布在中国境内的喜马拉雅山脉、昆仑山脉一带，青藏高原上更是随处可见它们的身影。如今随着人类经济发展，野牦牛的分布区迅速缩小且破碎化，仅在青藏高原地区可以寻见它们的踪迹，具体来说，主要集中在西藏的羌塘国家级自然保护区。另外，由于野牦牛群体的季节性迁移，在青海与甘肃、新疆交界的部分地区，如新疆的阿尔金山国家级自然保护区、甘肃的盐池湾国家级自然保护区，以及青海的青藏公路沿线的一些地区也有分布。

近百年来，随着经济发展，西藏地区人口增多，野牦牛因作为藏民的主要肉用动物，同时兼具药用价值，加之其奶、皮毛等具有经济价值，而遭到了大量的猎杀，致使野牦牛资源损失严重，数量锐减，而且再也未能恢复。同时，人类开发建设活动的不断增加、畜牧业的迅猛发展等，导致野牦牛的栖息地破碎化，栖息地的联通性下降，大大阻碍了野牦牛进行季节性的迁移和不同种群之间的基因交流。另外，野牦牛基本在雪线附近生活，可以较好地适应缺氧和寒冷气候，并在极恶劣条件下维持生命，但是这种适应已达其生理极限且很脆弱，因此，干旱、疾病及多雪等因素，都会造成野牦牛的大批死亡。诸如此类的种种因素均导致了野牦牛种群数量的急剧下降，如今，这群过去遍布雪域的强者已经成了濒临灭绝的物种，亟待保护！

家牦牛是由野牦牛驯化而来的，科学家们通过形态学相似性与考古发现相结合的方式，应用分子遗传学知识、测序技术及其他生物信息手段，从多个方面提供了野牦牛驯化的证据。在家牦牛和野牦牛之间存在高度分化的结构变异，即在驯化中受到人工选择的结构变异，受此影响的基因与神经系统发育、行为等驯化性状，以及生殖能力、免疫能力有关，这些观察结果，为了解牦牛驯化的遗传学机制提供了新的视角。

国家畜禽遗传资源委员会2019年的最新调查结果显示，家牦牛包括17个地方品种与2个培育品种，分布在甘肃、青海、新疆、云南、西藏与四川等地区。受各地区的地理条件影响，这些

牦牛品种在长期的演化中也形成了鲜明的地方特色。牦牛的养殖环境封闭且畜种间交流较少，加之全球气候变化及过度放牧对天然草场的破坏，导致牦牛生存环境的恶化，各牦牛品种均出现了不同程度的退化。因此，对家牦牛进行杂交改良与品种选育成为一项重要工作。可在繁殖季节，

▲ 家牦牛

将雄性野牦牛混入家牦牛群中与雌性家牦牛交配，或是牧民将雌性家牦牛赶入野牦牛活动区域，促进家牦牛与野牦牛的自然交配。同时，技术人员也通过定向选育纯繁的方式对牦牛进行育种，甘肃天祝藏族自治县的白牦牛就是典型的例子。

白牦牛

★★★★★

　　白牦牛产于天祝，主要分布在海拔 2000~4843 米的青藏高原及祁连山等地。白牦牛最早是生活在昆仑山至祁连山一带的野牦牛，由古代的羌人驯化而成，已有 4000 多年的历史，是农牧民长期选育而形成的地方独特品种。

　　家牦牛与野牦牛在外貌特征、繁殖方式、生产性能及抗病力上虽有不同程度的差异，但大体上较为相似，最大的不同就是野牦牛的抗病力明显好于家牦牛。

　　从外貌特征来看，野牦牛体型庞大、四肢粗短，后颈部有一明显隆起，大部分野牦牛是黑褐色的，极少数为棕色、金黄色，体重可达 600~1200 千克，两性均有角，与雌性野牦牛相比，雄性角较粗大；家牦牛身上经常有白、灰或棕色的色块，有的则全身呈现这些颜色，且颜色单一。

　　繁殖方式上二者较为相似，主要的不同在于家牦牛的繁殖方式为一年一产或两年一产、每胎一犊或两犊；而野牦牛为一年一产、每胎一犊。

　　家牦牛的生产性能主要体现在净肉率、产奶产毛量、载重量这些方面，野牦牛虽然没有这些具体的生产性能数据可供比较，但是研究者在 1983 年成功将雄性野牦牛授配雌性家牦牛，发现对改良家牦牛有明显效果。另外，研究者还发现，有野牦牛分布地区的家牦牛体格和产肉量明显优于没有野牦牛分布地区的家牦牛。

　　呼吸系统疾病、寄生虫病，以及巴氏杆菌病等一些传染病是家牦牛常见的疾病，野牦牛体格健壮、抗逆性好，利用野牦牛培育出的杂交一代野血牦牛，其体重等各项指标与当地同龄家牦牛相比均明显增强。

◀ 家牦牛

牦牛是青藏高原不可或缺的牛种，未来在牦牛产业的发展方面，应致力于家牦牛的品种改良与培育，以科研为技术支撑深度挖掘野牦牛的遗传资源优势，大力提高家牦牛的生产性能，以获得更大的经济效益。

▼ 野牦牛

雪豹与赤狐的时空错位

　　雪豹是高山生态系统的顶级掠食者，除了雪豹外，高山生态系统还包括一些中小型食肉动物，它们在维系生态系统的平衡与稳定中同样发挥着不可替代的作用。

　　和雪豹相比，赤狐属于次级捕食者，主要的猎物有中小型鸟类和兽类。赤狐的食物主要有三大类——哺乳动物、无脊椎动物、植物，其中哺乳动物以小型啮齿目和兔形目动物为主。不过，随着地理环境和生物因子的变化，各食物组分所占比例也随之变化。其中，小型啮齿目和兔形目动物在赤狐的食谱中变化比较小，其他食物如鸟类、昆虫、植物在赤狐的菜单中变化明显。科学家对贺兰山赤狐食性的研究表明，赤狐的食物组成主要有哺乳动物（21.86%）、昆虫（24.96%）和植物（36.32%），其中，昆虫在夏秋两季较春冬两季对赤狐的贡献大。

动物小档案

- 学名：雪豹
- 门：脊索动物门
- 纲：哺乳纲
- 目：食肉目
- 科：猫科
- 属：豹属
- 保护级别：易危、国家一级保护野生动物

动物小档案
- 学名：赤狐
- 门：脊索动物门
- 纲：哺乳纲
- 目：食肉目
- 科：犬科
- 属：狐属
- 保护级别：无危、国家
  二级保护野生动物

那么问题来了，如果雪豹和赤狐相遇，会如何呢？它们的生态位有哪些联系和区别？探究顶级捕食者和次级捕食者的种间作用和共存机制，有助于我们深入理解生态系统的变化。

★★★★★

"生态位"是生态学中的概念，指生物个体在种群中的时空位置及功能关系。生态位有诸多维度，空间与时间是其中较为关键的两个维度。了解雪豹和赤狐在时、空生态位上的相互关系是探究顶级捕食者和次捕食者共存的基础。

为此，北京大学李晟研究员，以四川邛崃山脉中部的卧龙国家级自然保护区为研究区域，使用红外相机技术与粪便 DNA 技术，在区内的高山生境开展野外调查。由于食肉动物遇见率比较低，红外相机技术成为观察、研究这些动物的有效手段。利用布设的红外相机就可以知晓雪豹和赤狐在什么时间、什么地点活动。粪便 DNA 技术是一个有效的补充，所谓的粪便 DNA 是指通过粪便鉴定来判断物种。此外，通过粪便 DNA 技术还可以知晓这些动物的食物种类。

李晟团队共观察雪豹分布点数量 198 个，赤狐分布点数量 68 个。有了雪豹和赤狐的分布点数据，就可以利用物种分布模型来模拟它们的适宜栖息地。物种分布模型，是根据物种出现的位点和周围的环境因子

构建的关联，预测、评估物种现在以及未来的适宜分布区。结果显示，在空间上，雪豹和赤狐的适宜栖息地存在大幅度的重合，其中重合的面积占雪豹适宜栖息地的78%，占赤狐适宜栖息地的81%。在垂直分布上，区内雪豹分布的平均海拔较赤狐稍高，赤狐分布的海拔范围较雪豹稍广，但两物种在垂直方向上的重叠程度也较高，均在海拔4300米左右展现出分布高峰。

雪豹和赤狐分布区域重合，科学家并不意外，在野外考察，经常能发现它们活动痕迹的重合。但是，它们如何面对彼此呢？尤其是赤狐，作为弱小的一方，如何和"雪山之王"相处呢？它要如何回避雪豹呢？

在时间生态位上，雪豹与赤狐的日活动模式均为双峰型，雪豹偏向晨昏性，而赤狐更偏向夜行性，整体上二者日活动节律重叠度较高。赤狐的夜行性得益于其出色的视觉，赤狐是犬科动物，却长着猫科动物的"l"字眼。当光线透过赤狐的视网膜到达眼球后部的虹膜时，会被虹膜再次反射到视网膜上成像，这就是它在夜晚也能借助微光狩猎的原因。如果仔细观察，你会发现赤狐拥有竖着的瞳孔——鳄鱼和某些蛇类也拥有这样的眼球结构。竖着的瞳孔就好像是虚掩的门，必要时可以开得很大，让更多光线进入眼中；而白天光线太强的时候，就可以把这扇眼睛的门关紧一些，不容易造成眩目而影响活动了。这种结构的瞳孔比收缩放大型的圆形瞳孔有更大幅度的变化，因此可以适应各种光线条件。

不过，在有雪豹活动的位点上，以及两周内曾有雪豹活动的情况下，赤狐会加强夜间活动，降低其日活动节律与雪豹之间的重叠程度，以此来回避与雪豹相遇。

赤狐虽然在空间生态位上与雪豹存在重叠，但会从时间生态位上和雪豹错峰。从时间上，赤狐本着能不见面就不见面的原则。雪豹活动的时间，赤狐都会尽可能回避。即便是雪豹二周内"光顾"过的地方，赤狐也尽可能回避。赤狐通过"时空错位"的方式，巧妙地与雪豹避开竞争，减少不必要的麻烦。不得不说，这便是赤狐的生存策略。

华南虎

老虎也需要"高速公路"

　　虎是当今体型最大的猫科动物，它位于食物链的顶端，是生态系统内的旗舰种。

　　虎起源于100万年前的亚洲东北部，从我国东北地区分化为向西、向南两大主流。由于地理隔绝和生物演化，形成了个9不同的亚种，分别是东北虎（又称西伯利亚虎）、孟加拉虎、印度支那虎、苏门答腊虎、马来亚虎、华南虎、巴厘虎、爪哇虎、里海虎，后3种已经灭绝。东北虎分布在俄罗斯远东地区和中国的东北部，以及朝鲜的北部；孟加拉虎分布在印度、尼泊尔、孟加拉国和中国等地；印度支那虎分布在中国云南西双版纳和普洱地区，以及柬埔寨、老挝、越南、泰国和马来西亚；苏门答腊虎分布在印度尼西亚的苏门答腊岛；马来亚虎分布在马来半岛南部的马来西亚与泰国境内；华南虎只分布在中国，然而在野外已经几十年难觅其踪迹。我国现存华南虎、东北虎、印度支那虎和孟加拉虎4个亚种，是拥有老虎亚种最多的国家。

动物小档案

- 学名：虎
- 门：脊索动物门
- 纲：哺乳纲
- 目：食肉目
- 科：猫科
- 属：豹属
- 保护级别：

  我国 4 个亚种：

  华南虎：极危、国家一级保护野生动物

  东北虎：濒危、国家一级保护野生动物

  印度支那虎：濒危、国家一级保护野生动物

  孟加拉虎：濒危、国家一级保护野生动物

◀ 东北虎

孟加拉虎 ▶

印度支那虎 ▶

中国古代的"虎符"

人们对虎并不陌生，一提到虎，脑海中总会出现一个凶猛的野兽形象，与之相关的成语也很多，如"虎虎生威""虎视眈眈"。在中国古代，能调兵遣将的令牌被制作成"虎符"，它一劈为二，一半在君王手中，一半交给统兵将领。用虎来象征兵权，由此可见虎在中国传统文化中的特殊地位。直到现在，白族、土家族等少数民族也崇虎，甚至尊之为祖神。

可是人们对于虎却又十分陌生，因为没有几个人在野外见过虎，充其量只是在动物园中看过人工饲养的老虎。

在森林中，老虎是绝对的王者，它在野外生活、捕猎、繁衍后代。老虎是"机会主义"捕猎者，几乎可以捕杀它遇到的大多数猎物。说到这里，想必很多人认为，老虎的捕猎一定很简单，就像电影和小说中那样，现个形、

呼啸几声，转眼间便能将猎物制伏。可实际上，老虎想要填饱肚子并不容易。如果捕不到鹿类、野猪等较大的动物，老虎也捕食野兔、松鸡、鼠、鱼等充饥。实在饿急了，就顾不得体面，只好拾捡腐尸，甚至以蚂蚱、野果、松子果腹。

譬如东北虎，它是现存体形最大的虎亚种，是自然生态系统保护的旗舰种，在我国，仅分布于黑龙江省和吉林省。梅花鹿是东北虎的主要食物之一，然而今天，野生梅花鹿种群极为罕见。20世纪90年代，梅花鹿等大中型食草动物的数量直线下降，这也成为东北虎数量急剧减少的原因之一。

作为"森林之王"的老虎，如今日子却过得十分艰难。我曾经在四川康定的博物馆看到108张虎皮制作的帐篷，那一刻，我感受到了老虎灭绝的真正原因。人类大量砍伐森林，破坏了它们的家园；更可恨的是，人类为了获取老虎的皮毛、骨骼，直接对其捕杀。过去的一个世纪，全球野生虎数量下降了97%以上，老虎数量已经从一个世纪前的超过10万只锐减到目前的3000~5000只，它们更失去了80%以上的栖息地。

虎现存于13个国家：中国、孟加拉国、不丹、柬埔寨、印度、印度尼西亚、老挝、马来西亚、缅甸、尼泊尔、越南、泰国和俄罗斯。

在中国境内，华南虎野外种群已经灭绝。

历史上，东北虎曾广泛分布于我国东北林区，由于人类捕杀和原始森林的丧失，自20世纪80年代以来，我国野生东北虎的数量呈下降趋势，2000年初已经降到个位数。

印度支那虎的情况也不乐观，根据20世纪90年代中期以来的报道，云南省的老虎数目据估计仅为30~40只，2009年的官方报道有14~20只。这些印度支那虎可能生存于西双版纳、临沧、红河和普洱地区，据野外调查估计，

目前其野外种群不会超过10只，而且可能都为跨边境的个体而非留居虎。

孟加拉虎在我国曾分布于西藏南部、东南部，以及云南西部的阔叶林区，目前也岌岌可危，可能只在西藏的墨脱县存在一个残存种群。目前在墨脱的老虎种群已经成为孤立小种群，数量估计为8~12只，它们很可能代表了中国最后一个留居的孟加拉虎种群。

▼ 孟加拉虎

当前老虎保护面临的一大威胁是，人类为修建道路、村庄、城市而砍伐森林，把老虎的栖息地分割成了一个个"孤岛"，它们之间无法进行交流，因而种群无法繁衍。

老虎的保护有着一定难度，在于虎本身需要很大面积的领地。以东北虎为例，在自然状态下，一只雌性东北虎的领地范围为322~654平方千米，雄虎的领地范围为774~1636平方千米，不过雄虎与配偶有86%的领地是重合的。维持1只雄性东北虎和3只雌性东北虎的最小可繁殖种群需要的面积为5000平方千米，现实中很难存在这样连成片的栖息地。因此，如何构建"生态廊道"——把分布在一座座"孤岛"上的老虎彼此连接起来，成为当前保护老虎的当务之急。"生态廊道"是景观生态学上的概念，类似人类的高速公路，有了生态廊道，老虎之间就可以进行正常的交流，实现种群的繁衍。

在修建老虎的生态廊道方面，印度和尼泊尔走在世界前列，并已经证明了其可行性。在印度的北部与尼泊尔交界处，有一片50000平方千米的老虎栖息地，建设有16个自然保护区，其中印度11个、尼泊尔5个。但是，这片老虎的栖息地同时也是人口密度非常高的地区，这片区域上的农田、社区、城镇及国界线，将老虎的栖息地分割得支离破碎。为了保护这个区域的老虎种群，印度和尼泊尔政府达成协议，修建了6条生态廊道，将孤立的老虎栖息地连接了起来。据世界自然基金会（WWF）介绍：这些廊道已经起到了积极作用，尼泊尔和印度的保护者们历经累计38319天的调查，覆盖9000平方千米，发现了11只老虎通过这些廊道往返于两国的森林。这也让印度的老虎成功进入尼泊尔境内。

印度塔多巴自然保护区内，老虎在水中玩耍

这些年来，中国也在积极努力准备老虎的生态廊道建设和评估。据北京林业大学张明海教授课题组介绍："对东北虎核心栖息地间的潜在生态廊道进行评估，并根据实地调查和遥感图像解译分析构建廊道内主要威胁因素，'张广才岭—完达山—老爷岭'这条迁移通道，对扩大东北虎生存空间具有现实指导意义，并为圈养东北虎野外放归工作提供了参考。"

当前，中国境内的其他3个老虎亚种数量越来越少，有的甚至销声匿迹了，而东北虎却渐渐"活跃"起来，频频出现在新闻媒体中。中国境内的东北虎多出没于吉林珲春东北虎国家级自然保护区。随着国家对于东北虎保护的重视，修建完善的生态廊道，建立以虎为主题的自然保护区，中国境内的东北虎种群有恢复的迹象，越来越多的林区居民看到了东北虎的身影。

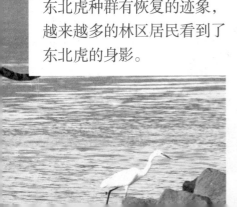

东北虎 ▲

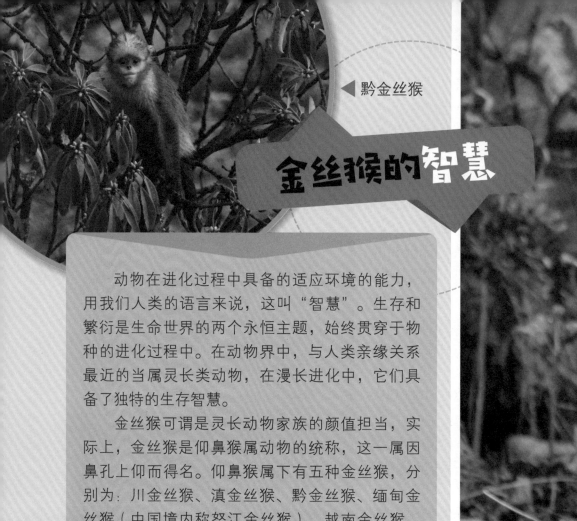

◀ 黔金丝猴

金丝猴的智慧

　　动物在进化过程中具备的适应环境的能力，用我们人类的语言来说，这叫"智慧"。生存和繁衍是生命世界的两个永恒主题，始终贯穿于物种的进化过程中。在动物界中，与人类亲缘关系最近的当属灵长类动物，在漫长进化中，它们具备了独特的生存智慧。

　　金丝猴可谓是灵长动物家族的颜值担当，实际上，金丝猴是仰鼻猴属动物的统称，这一属因鼻孔上仰而得名。仰鼻猴属下有五种金丝猴，分别为：川金丝猴、滇金丝猴、黔金丝猴、缅甸金丝猴（中国境内称怒江金丝猴）、越南金丝猴，前三种金丝猴为中国特有种，只分布在中国。

◀ 川金丝猴

滇金丝猴

动物小档案

■学名：金丝猴

■门：脊索动物门

■纲：哺乳纲

■目：灵长目

■科：猴科

■属：仰鼻猴属

■保护级别：

　川金丝猴：濒危、国家一级保护野生动物

　滇金丝猴：濒危、国家一级保护野生动物

　黔金丝猴：濒危、国家一级保护野生动物

　怒江金丝猴：极危、国家一级保护野生动物

　越南金丝猴：极危（中国无此种）

■ 生存——食物的可持续利用

"猴以食为天",解决吃饭问题始终是摆在它们面前的头等大事。滇金丝猴是栖息海拔最高的灵长类动物,它们在自然界中的食物有100多种,包括植物的茎、叶、花、果实,以及真菌等,其主食为松萝。尤其是在冬季,万物凋零的时节,滇金丝猴一半左右的食物为松萝。

从生物分类上看,松萝属于子囊衣纲松萝科,是一种地衣,是真菌和藻类植物联合形成的共生复合体。地衣是一个庞大的类群,在全球广泛分布,全球已知的地衣大约有500属,2.6万种。《诗经》中称松萝为女萝;《本草纲目》称松萝为松上寄生,又名松落、树挂和天蓬草。古代医书中认为松萝全草可以入药,能够清热解毒、止咳化痰,还可用于外伤出血、毒蛇咬伤等;现代医学发现,松萝有着抗菌的作用。

寄生在树木上的松萝 ▶

滇金丝猴爬到高大
的树上吃松萝

松萝是一种寄生生物，生长于一些高大的乔木之上，比如云杉、冷杉、铁杉等。面对美味的松萝，滇金丝猴的一大智慧就在于它懂得与环境和谐相处。

我们研究组常年在云南的白马雪山研究滇金丝猴，发现滇金丝猴很懂得可持续利用食物资源的道理。如果滇金丝猴把这一区域的松萝全部吃光，那么就会影响它下一轮的食物获取。在长期的进化当中，滇金丝猴会定期游走，类似于游牧民族的"转场"。滇金丝猴不等到把一个地方的食物吃光，就会迁到下一个地方，这样既能满足自己的食物需求，又可以保护森林，真正地实现与环境和谐相处、可持续发展。

冬季抱团取暖的川金丝猴

作为同属成员，滇金丝猴的近亲川金丝猴是地球上分布最北的食叶疣猴（川金丝猴属于疣猴亚科），它们常年栖息于海拔 1500~3300 米的温带高山森林中，主要分布在我国的陕西、四川、湖北和甘肃等地。对于川金丝猴而言，漫长的冬季是最难熬的，一年之中它们要经过长达 5 个月的寒冷季节，这期间仅靠取食树芽和树皮维持基本的生存。

能量是生存的必需品，越是冬季低温的时候，能量消耗越大。而冬季恰恰是食物短缺的时候，川金丝猴势必面临能量的"赤字"。据西北大学李保国团队研究结果，生活在秦岭地区的川金丝猴冬季要面临 101 kJ/mbm 的能量赤字。如何弥补冬季能量的缺口，是川金丝猴最大的生存难题。

面对冬季的能量缺口，在长期的适应性进化中，川金丝猴采取的策略是"未雨绸缪"，即在食物充足的夏季和秋季食用含有更多碳水化合物和脂肪的食物，然后将能量以脂肪的形式在身体中存储起来，到了冬季食物短缺的时候，它们通过燃烧身体中存储的脂肪来弥补能量的短缺，以此度过寒冷的冬季。

整个冬季，它们的体重要下降 14%。如果说夏季存储脂肪是能量的"进项"，那么它们会在冬季尽可能节约能量以减少"开支"。李保国团队发现川金丝猴在冬季还会通过两种策略减少能量的消耗：一是减少移动时间，增加休息时间，以减少能量的消耗；二是通过皮肤血管收缩减少热量散失而使皮肤温度平均降低 3.2℃。有了能量的开源和节流，川金丝猴就能安全度过寒冷的冬季了。

繁衍——如何避免近亲繁殖

在人类社会中，不论是科学层面，还是道德与法律层面，都规定了不能近亲结婚、生育，那么灵长类动物们，是否也会避免近亲繁殖呢？

金丝猴的社会体系和人类早期社会非常类似，这种社会体系有个专业的名字叫"重层社会"，即由多个层级组成的社会结构。猴群的基本单元有两个类型：第一个类型是"一夫多妻"的小家庭，即一雄多雌，每个小家庭由一只主雄猴（有老婆的雄猴）和它的几个老婆组成；第二个类型是一种特殊的家庭，名叫"全雄单元"，全部由雄猴所组成。一个个一雄多雌的小家庭和一个或多个全雄单元就构成了猴群的基本结构——分队，多个分队组成一个猴群。主雄猴随时面临全雄单元里"光棍猴"的挑战，随时可能会被打败。

▲ 主雄猴

金丝猴社会最显著的一个特点，便是雄猴外迁、雌猴留守，群体内的小雄猴在 3 岁左右的时候会被赶出家庭，加入全雄单元，家庭里的小雌猴则可以一直留守。那么问题来了，留守的雌猴如何面对自己的父亲？有没有可能和父亲近亲繁殖呢？实际上这种可能性几乎不存在，在长期的进化中，金丝猴群体存在一系列的制约近亲繁殖的机制。

第一，雌猴性成熟一般在 6 岁左右，而一个主雄猴能维持家庭的时间一般为 1~3 年，这就意味着等到雌猴性成熟的时候，主雄猴早已离开了这个家庭，被其他的雄猴所取代。

第二，主雄猴一般不选择没有生育经验的雌猴。即便是个别主雄猴控制家庭的时间超过 6 年，它对于没有生育经验的雌猴也不感兴趣。因为，金丝猴的生育率非常低，一般是两年一胎，主雄猴在位的时间通常只有 1~3 年，因此格外珍惜难得的交配及生育机会。雌猴头胎生育死亡率非常高，主雄猴为了尽快及尽可能多地繁衍自己的后代，它们往往对没有生育经验的雌猴不感兴趣。

金丝猴正是通过这套社会机制来保持种群的延续，并尽可能避免近亲繁殖。

金丝猴家庭

义亲抚育——在艰难的环境下生存

《孟子》有言："老吾老以及人之老，幼吾幼以及人之幼。"如果社会上每个人对待其他家的老人和孩子，都能像对待自己家的老人和孩子一样，那么这个社会就和谐了。在我们观察滇金丝猴的过程中，就发现了"幼吾幼以及人之幼"的社会行为。

我们科考组的任宝平博士和黎大勇博士在云南白马雪山保护区观察猴群行为的时候，首次在滇金丝猴群中发现了"义亲抚育"现象，并如实地记录了这一过程。

★★★★★

所谓义亲抚育，是指处于哺乳期的雌性动物会对和自己没有血缘关系的后代进行哺乳、照顾。

携带婴猴的雌性滇金丝猴

2009年8月12日，任宝平博士和黎大勇博士在响古箐的猴群"善泽"家附近，发现一只约5个月大的雄性婴猴。为了方便描述，就叫它小五吧。根据之前的记录，善泽家是一个繁殖家庭，其家庭成员包括1只主雄猴（善泽）、2只成年雌猴、1只亚成年雌猴、2只青年猴、2只婴猴，家庭中并不包括小五。那么小五究竟来自哪里？为何出现在善泽家附近？

黎大勇博士开始排查猴群中各个家庭最近的"猴员"流动情况。他很快发现，"心明"家（另一个繁殖家庭）中的一只婴猴走丢了，由于之前研究人员对各个家庭出生的婴猴都有记录，很快便确认它就是小五。

这件事情如果发生在人类社会，很简单，直接把小五送回原来的家庭就可以了。可是，事情发生在滇金丝猴群中，猴子的事要让猴子自己解决，人类不能过多干预，便继续观察。

8月15日，小五和善泽一家一起在地面觅食，显然它们的关系进了一步。次日16:30，善泽家的雌猴（取名义母）因处在哺乳期，正在照看自己的婴猴，小五凑了过来，坐在义母身边，并且伸手触摸义母的婴猴。紧接着，义母给自己的孩子喂奶。就在这时，小五也凑了过来咬住义母的另一个乳头。然而，义母并没有排斥小五，允许它和自己的孩子一起吃奶。17:04分，善泽家开始前往夜宿地休息。和之前小五独自跟随不同，这次，主雄猴善泽携带小五走了30米。8月17日，研究人

滇金丝猴

员再次观察到善泽携带小五，行走50米。由此看来，小五已经完全融入善泽家了。一般情况下，家庭中主雄猴虽然对婴猴非常宽容，但是在家庭游走期间，很少携带婴猴。看来善泽对于小五很是关照。

人类收留别家孩子，可能出于道义、同情或者其他目的，滇金丝猴中为何会出现义亲抚育呢？

自然选择在人类中遇到阻碍，一个很重要的原因就在于文化的驯化（当然，这种观点还有待商榷）。相比之下，动物的社会要简单得多。即便如此，我们依旧需要许多假说加以验证。目前，学界主要有两种假说：

①"母亲学习假说"：这种假说认为，年轻的雌性抚育、照顾别家孩子是一个学习的过程，通过积累经验，以后可以更好地照顾自己的孩子，提高头胎的成活率。

②"亲代抚育迷失假说"：这种假说认为，雌性哺乳期的激素因素可能是其进行义亲抚育的原因。

在滇金丝猴的例子中，我们认为，其符合亲代抚育迷失假说。哺乳期的雌猴照看自己孩子的时候，在激素分泌（如催产素和催乳素）的作用下，能够和非亲婴猴形成临时的纽带，增加容忍度。

从动物保护的视角来看，滇金丝猴婴猴死亡率接近60%，婴猴在没有母亲关怀或其他雌猴抚育的情况下几乎无法生存。因此，义亲抚育有利于滇金丝猴种群的延续。

穿山甲命途多舛

穿山甲是一个古老类群，在地球上生存了至少4000万年。中国人早在2000年前就对穿山甲有了认知，屈原在《天问》中写道："延年不死，寿何所止？鲮鱼何所？魃堆焉处？"这里的鲮鱼，也被称作鲮鲤，其实就是穿山甲。古人认为穿山甲身上布满鳞片，酷似鱼鳞，因此称之为"鲮鲤"。

▶ 1792年，西方科学家绘制的中华穿山甲

三国至西晋初期，穿山甲形状的陶俑被当作明器陪葬，在长江流域成为镇墓兽，即棺木的守护者。1956年，在湖北省武汉市武昌区莲溪寺的东吴墓葬中出土了一件陶制穿山甲。1986年，武汉市黄陂区出土了两件吴末晋初时期的黄釉青瓷穿山甲。为何墓葬中会出现穿山甲的形象？有一种可能是长江中下游地区气候潮湿，容易滋生白蚁，而白蚁喜欢啃食木材，容易破坏棺木。古人知晓穿山甲食白蚁的习性，因此制作穿山甲的陶俑守护棺木。

之后，宋代庄绰《鸡肋编》、洪迈《夷坚志》，明代宋诩《竹屿山房杂部》，清代陆次云《峒溪纤志》等书中都有食用穿山甲的记载。古人在食用穿山甲的同时对于其危险性也有一定认识。李时珍的《本草纲目》就有记载："（鳞鲤）咸、微寒、有毒。"如同毛发一样，穿山甲的鳞片也会累积砷、铜等有毒元素，服用煅烧的穿山甲甲片，与服用碳和重金属构成的混合物无异。因此说，穿山甲制品的功效，只是古人们依靠朴素的观察联想而来的。

　　穿山甲是唯一一种身披鳞片的哺乳动物。穿山甲善于打洞，前肢挖土，后肢推泥，遇到吵扰，它就会迅速遁土而去，故称"穿山甲"。穿山甲善于打洞的特点和其鳞片的特殊结构有一定的关联。吉林大学的马云海研究表明，穿山甲鳞片是由极细的棱柱结构单元和叠片结构单元混合形成的面，其鳞片整体呈现出纵向棱纹与横向凹槽交错变化的非等格几何网状形态，这种结构具有极强的耐磨性。

　　目前全球共有8种穿山甲，主要分布于东亚、东南亚、南亚和撒哈拉以南的非洲。分布在我国的主要是中华穿山甲，栖息于我国热带、亚热带地区。

穿山甲的鳞片 ▶

▲ 中华穿山甲

动物小档案

- 学名：中华穿山甲
- 门：脊索动物门
- 纲：哺乳纲
- 目：鳞甲目
- 科：穿山甲科
- 属：穿山甲属
- 保护级别：极危、国家一级保护野生动物

中华穿山甲头体长 42~92 厘米，尾长 28~35 厘米，体重 2~7 千克，头面、颈背、体背及两侧、四肢外侧、尾背腹面覆盖鳞片，其余部分仅生有稀疏毛发，无鳞片。躯干鳞片与体轴平行，共 15~18 列；尾巴上覆盖纵向鳞片，每侧 16~19 枚，大多呈黑、棕、深灰色。尾巴较其他穿山甲短，因此又被称作短尾穿山甲。中华穿山甲长有一双小眼睛，耳朵裸露在外；吻细长，脑颅大，如同圆锥；背部略隆起，四肢粗短，行走贴近地面。当它走起路来，像极了一位披甲战士匍匐前进。

中华穿山甲栖息于丘陵山地的树林、灌丛、草丛等处，极少在石山秃岭地带出现。研究员吴诗宝在对大雾岭自然保护区穿山甲冬季栖息地的选择研究表明，中华穿山甲最偏爱针阔混交林，最排斥针叶林，倾向于栖息在陡坡、干扰程度小、林下草灌层盖度高、距离水源较近的生境。穿山甲洞穴多随季节和食物而变化。穿山甲平常无固定住所，随觅食时所挖洞穴而居，栖息一两晚，如果觅得地下的大蚁巢，停留时间就会长一些，吃完巢蚁才走。穿山甲白天多蜷缩于洞内酣睡，无洞不能度日；入夜外出觅食，一个夜晚常于数个山头活动，达 5~6 千米之遥。

穿山甲的主要食物为白蚁，吴诗宝研究表明，大雾岭自然保护区的中华穿山甲偏爱的蚁类是台湾乳白蚁、黄翅大白蚁、双齿多刺蚁，其食谱由 11 种蚁类构成。穿山甲能泅渡大河，游速超过一些蛇类，即使驮着幼兽也可泅水。它也能攀爬斜树，往往循蚁迹上树，以尾绕附树枝，饱食之后有时就在树枝上睡觉。但穿山甲不会从树上往下爬，只会甩身掉地，随即蜷作一团。穿山甲遇敌或受惊时也会蜷作一团，头被严实地裹在腹前方，并常伸出一前肢作御敌状；若在密丛等隐蔽处遇人，则往往迅速逃走。

曾有研究认为，穿山甲的生态价值主要体现在对森林害虫白蚁的防治上。过去，人们认为白蚁危害多种林木、水利堤坝和房屋建筑，而穿山甲主食白蚁，自然可以保护森林。其实，这种看法是非常片面的。所有的"害"与"益"都是人类根据自身的利益而评判的，符合人类利益的穿山甲为益兽，不符合人类利益的白蚁则为害虫。但放到整个自然界中来看，任何物种都不存在"害"与"益"之分。就拿白蚁来说，它们对人类而言是害虫，可是对于自然界来说，它们不可或缺。

▼ 穿山甲被残忍地捕捉并用来泡"药酒"

在森林中，白蚁最大的作用是分解死亡的树木，加速物质和能量循环。除了分解死去的树木，白蚁也会攻击活着的树木，人类可能据此认定白蚁是害虫。其实，白蚁所攻击的树木多是老弱病残的；健康的树木会分解足够的防御性化合物，令白蚁望而生畏。白蚁是名副其实的"森林清洁工"。在以色列的沙漠地带，每公顷内的白蚁可以把237千克的碳和4.3千克的氮从死亡的植物里转移出来。但是，如果白蚁过度繁衍，的确会给人类社会带来严重的危害。据全国白蚁防治中心称，白蚁会危害房屋建筑、文物古迹、水利工程、园林植被、农林作物、通信电力、市政设施等多个领域。

大自然的精妙就在于通过复杂的食物网维持动态平衡，不至于使某一个家族过于庞大。在健康的生态环境下，白蚁难以成灾，因为存在诸多以白蚁为食物的动物，比如穿山甲，就能较好地控制白蚁数量。然而，频繁乃至过度的人类活动，破坏了自然的平衡，穿山甲数量大幅减少，渐渐使得白蚁成灾。

自古以来，中国人熟知穿山甲的药用价值，《本草纲目》中记载："鳞可治恶疮、疯症、通经、利乳。"认为其鳞片有通经络、下乳汁、消肿止痛之功。因此，穿山甲是名贵的中药材原料，是我国14种重要的药用濒危野生动物之一。今人对穿山甲的鳞片进行化学分析发现，其鳞片含有大量的碳、氢、氧及氮元素，其次为硫、硅、铁、铝、钙，此外鳞片内层中含有少量磷元素。

正是由于穿山甲的鳞片被认为具有药用价值，使得它们的遭遇极为悲惨。过去，我国南方许多地区的市场常有穿山甲售卖，特别是在夏、秋季节。但近十几年来穿山甲逐年减少，该物种已遭受了严重破坏。

据广东省昆虫研究所的刘振河和徐龙辉调查，捕捉穿山甲的猎人用训练过的猎犬助猎，或者使用循迹追踪、寻洞再挖捕等方法，每年捕获大量穿山甲，特别是在夏、秋这两个穿山甲的主要繁殖季节，猎捕更易得手。另一方面，山林大量开发，穿山甲的栖息地不断减少，又缺乏有效的保护措施，所以目前多数地区的穿山甲资源面临绝迹。

过度猎捕是穿山甲资源濒危的主要原因，这种强大的破坏力远远超过了穿山甲维持自身种群结构稳定性的能力，导致穿山甲种群逐渐减少。

除了人类过度猎捕利用、破坏其生境之外，穿山甲的濒危还有自身生存能力弱和外来物种入侵等原因。

穿山甲主要栖息在亚高山及丘陵地带的阔叶林、针阔混交林及灌草丛内，对生境要求极为严格，而且对环境变化的适应能力特别差，一旦栖息地遭到破坏，其种群数量就会在较短的时间内迅速下降。穿山甲繁殖力低下，一般每胎一崽、每年一胎，因而种群数量增长缓慢。穿山甲只食蚁类，进化程度低，对新的环境适应能力差，这也是难以人工驯养的主要原因之一。穿山甲一旦被大量捕杀，其种群数量下降后就很难恢复。如果种群密度很低，就可能在某一地区绝迹。加上穿山甲御敌能力弱，逃跑速度又十分有限，而且大部分时间是在洞中度过的，猎人捕捉它就犹如瓮中捉鳖，只需挖洞或烟熏即可，因此，它很难逃脱猎人或猎物的追捕。

▼ 穿山甲幼崽和母亲

▼印度穿山甲

此外，中华穿山甲还面临外来物种——印度穿山甲的威胁。在我国广东、广西、云南等地，每年至少有上千只穿山甲被查扣后放生到当地的保护区，涉及的种类主要是中华穿山甲和印度穿山甲，其中印度穿山甲占三分之一。印度穿山甲和当地保护区内的中华穿山甲生态位相似（主要表现在食性、活动习性、生境选择上的相似），是一对竞争物种。一旦印度穿山甲适应当地环境并壮大，就会产生较大的竞争排斥力，对处于濒危状态、生存竞争力较弱的中华穿山甲来说又多了一个致危因素，从而进一步加速了中华穿山甲的灭绝。

　　为加强对穿山甲的保护，我国于2007年严格禁止从野外猎捕穿山甲；2018年8月，全面停止商业性进口穿山甲及其制品，并通过开展专项行动等措施，加大对破坏穿山甲等野生动物资源犯罪的打击力度。但由于该物种栖息地不断遭到干扰破坏、对滥食穿山甲惩处力度不够等原因，穿山甲资源数量急剧下降趋势未能彻底扭转。

　　2020年6月5日，国家林业和草原局发布公告：为加强穿山甲保护，经国务院批准，现将穿山甲属所有种由国家二级保护野生动物调整为国家一级保护野生动物，自公布之日起施行。随后，最新版的《中华人民共和国药典》中将穿山甲"除名"。与此同时，《濒危野生动植物种国际贸易公约》（CITES）将全球现存8种穿山甲全部列入了"附录Ⅰ"。

★★★★★

　　《濒危野生动植物种国际贸易公约》的精神在于管制而非完全禁止野生物种的国际贸易，其用物种分级与许可证的方式，以达成野生物种市场的永续利用性。

　　这项公约有三项附录，分别是：

　　附录Ⅰ：该附录中的物种为若再进行国际贸易会导致其灭绝的动植物，明确规定禁止其国际性的交易；

　　附录Ⅱ：该附录中的物种为无灭绝危机、管制其国际贸易的物种，若仍面临贸易压力、族群量继续降低，则将其升级入附录Ⅰ；

　　附录Ⅲ：该附录中的物种是各国视其国内需要、区域性管制国际贸易的物种。

见此图标
微信/抖音扫码

添加AI动物翻译官，
开启知识解码之旅！

亚洲象的退却之路

动物小档案

- 学名：亚洲象
- 门：脊索动物门
- 纲：哺乳纲
- 目：长鼻目
- 科：象科
- 属：亚洲象属
- 保护级别：濒危、
  国家一级保护野生
  动物

亚洲象主要分布范围为东南亚和南亚的热带地区，在中国境内，仅剩云南的西双版纳地区能找到它们的踪迹。

历史上，亚洲象分布广泛，有出土的化石为证：早在8000年前，亚洲象的分布北界到达黄河流域。化石记录显示，亚洲象在全新世期间进行了大规模迁徙，当时的气温比现在高约2℃，象群向北迁徙，最北到达了黄河流域。在此期间，温暖潮湿的气候可能提供了丰富的植被和饮用水，为更多向北扩张的大象提供支持。

距今3000多年的四川成都金沙遗址一共发现了5个埋藏有象牙的大坑，共计100余根象牙，所有的象牙都排列得整整齐齐，推测古人进行了精心的摆祭。经过DNA提取检测，发现这些象牙来自亚洲象。其中，相当一部分象牙的长度超过了1.6米，其中最长的一根甚至达到了1.85米，这可是个令人震撼的长度，毕竟现代大象的象牙长度基本不超过1米，平均长度也只有0.6米左右。

商周时期，人们曾经大肆捕杀亚洲象，造成亚洲象种群数量

亚洲象

抵制象牙制品，
从你我做起！

急剧减少。到了秦汉时期，中原地区的野生大象几乎绝迹了。东汉的许慎在《说文解字》中形容象为"南越大兽"，可见，此时北方应该已经没有象了。到了三国时期，江浙一带还有大象，"曹冲称象"这个故事里的大象，就是吴国的孙权送给曹操的。北宋时大象也曾一度北移，但再之后其踪迹就仅存于南方了。

唐宋时期，西南地区番邦向宫廷进贡象牙制品，而这一时期，海外贸易逐渐繁荣，尤其是宋朝海上丝绸之路的开通，扩大了象牙制品的买卖范围。

元朝，滇南各土司进贡的大象据估算有1140~1339头，象牙38~76根。加之大象被频繁用于战争，到了17世纪中期，亚洲象就已处于濒危的状态了。

明清时期，随着人口的快速增加，中国境内的亚洲象基本上仅存于西南地区的少数地方。

　　气候变化会影响物种的扩散和迁徙。中国近 2000 多年来，气候经历了 3 个暖期和 4 个冷期，亚洲象的分布边界也在随之移动，基本上遵循的规律是：气温升高，分布边界北移；气温降低，分布边界向南部收缩。但是，自从人类活动加剧之后，亚洲象的移动边界受到了限制。暖期时原本可以北移的地方已被人类占据，亚洲象因而失去了可移动的空间，只能被限定在西南一隅，渐渐失去了通过扩散和迁徙来适应气候变化的能力。

　　从 2020 年 3 月开始，原本栖息在云南西双版纳国家级自然保护区的一群大象开始向北迁徙，这是气候变化的因素导致食物短缺造成的。西双版纳地区自 20 世纪 90 年代后期以来，年平均气温稳步上升，2019—2020 年比 1981—2010 年高 1.6 ℃。2019 年和 2020 年年均降水量出现明显下降，高温缺雨导致 2019 年出现中度干旱，2020 年又出现极端干旱，高温少雨进而导致植物数量下降，直接影响到大象的口粮。

亚洲象家庭

近年来，受益于我国政府的保护工作，亚洲象的数量从20世纪六七十年代的不到150头，到2016年增长为216~243头，再到2020年，已近300头。亚洲象种群恢复的同时，它们的适宜栖息地却在不断萎缩，这导致了亚洲象食物的短缺。

亚洲象有着庞大的胃口。据估测一头成年象每天要消耗100~300千克的食物和80~200升水。北京师范大学张立团队长期跟踪研究普洱市思茅区栖居的一个由5头雌象（3头成年体、1头亚成体、1头幼体）组成的亚洲象群，发现了一些规律。

　　在旱季，亚洲象群主要在 3 个核心区活动，每个核心区的面积大约为 2~4 平方千米，象群对这个区域进行循环利用，一个区域的食物吃光之前就迁徙到下一个区域。亚洲象对主要采食地点循环利用的方式，既提高了食物的数量和质量，又有利于热带雨林生态系统的更新与演化。亚洲象的雌性成体和未成年个体选择集群采食，而成年雄象一般单独采食。旱季，亚洲象的取食对象有 19 种野生植物，另外还包括 7 种农作物，且对这些农作物存在一定的依赖性。

　　在雨季，象群的活动区域面积扩大，活动的核心区域面积达 9 平方千米，不过雨季只在 1 个核心区域活动。雨季，象群的食物种类有所减少，主要取食 5 种野生植物和 5 种农作物，且农作物成为象群的主要取食对象。

普洱地区亚洲象栖息地的野生食物可能不足，人类活动对亚洲象的生存干扰较为严重。亚洲象不仅在白天觅食，夜晚也依旧觅食，且昼夜间的采食行为没有显著差异。不过，亚洲象似乎更倾向于在夜间采食农作物。

除了气候变化外，人类活动日益频繁，不断蚕食亚洲象保护区周边的土地，20 世纪 80 年代以来，亚洲象的适宜栖息地萎缩了 40%。栖息地萎缩，导致食物不足，这种情况不仅出现在我国境内，也出现在其他亚洲象的生存区域。近些年，泰国、缅甸和老挝等地的亚洲象群也加入了北迁象群的大军，这些地区时有军事冲突发生，象群也不得安宁，加之环境原因，象群只得选择举家迁徙，寻找食物和生存之地。

▼ 某些国家和地区骑乘大象的旅游活动
对亚洲象也是一种伤害

　　此外，我国亚洲象的保护区也存在一定问题。亚洲象生态习性多元化，虽然可以在森林里生存，但更偏爱在近水且相对开阔的灌丛和草地活动。我国在西双版纳为亚洲象建立的自然保护区绝大部分属于森林生态系统保护类型，"计划烧除"与"开天窗"被禁止，森林密闭度迅速增加，林中空地、林窗逐步消失，影响了森林中草本与藤本植物的有效更替。

　　森林密闭度高，乔木树冠彼此相接遮蔽地面，导致亚洲象的可食植物减少，其最钟爱的栖息环境也在逐渐消失。这应该是驱使野象群离开西双版纳向北迁徙的另外一大因素，它们作为"先驱者"，其北迁很可能是为整个种群寻找更舒适的栖息地。

★★★★★

　　"计划烧除"是一种防治森林火灾的措施，即用"放火"的方式来"防火"。通过控制火的强度，在规定的范围内，烧除林区积累的可燃物，达到预防森林火灾、控制森林病虫鼠害、促进森林的天然更新等目的。

　　林窗是指森林群落中一些老龄树木的死亡或天灾、人为等原因导致成熟阶段优势树种死亡，从而在林冠层造成空隙的现象。为了防止森林密度过大导致阳光无法射入森林内部，因而可砍伐一部分乔木，人为制造林窗，这种做法被称为"开天窗"。

而亚洲象的北迁，对西双版纳保护区会产生负面影响。一旦亚洲象离开保护区，原象群栖息地内的黄竹和野芭蕉（亚洲象的主要食物）会以其强大的繁殖能力和耐火烧的特性，在弃荒地迅速发展，成为优势的群落。黄竹和野芭蕉的快速扩张会挤占其他物种的生存空间，降低本地的物种多样性。象群对本地物种多样性的保护在越来越多的地方得到证明。在非洲地区，随着非洲象的锐减，灌丛失去了象群的控制而大规模扩张，灌丛成为蛇蝇的温床，随之而来的是蛇蝇大规模传播人畜共患病，威胁人类的健康。

为了保护亚洲象，张立团队建议尽快遏止日益严重的栖息地片断化趋势，恢复自然植被、提供充足的野生食物是保护该物种的关键。当务之急是把破碎的栖息地通过生态廊道连在一起，可让象群自由穿梭。要建立生态廊道，西双版纳地区拥有土地使用权的社区村民的态度至关重要，只有获得他们的支持，廊道建设才能顺利实施。为此，李正玲于 2007 年 11 月至 2008 年 3 月，调查分析了地处西双版纳的 2 条亚洲象保护廊道内的 5 个村寨 196 户村民对廊道建设的认知与态度。研究区 80.61% 的村民愿意有条件地支持廊道建设，影响村民支持意愿的因素主要有村民的文化程度、经济收入，以及村民对亚洲象保护、廊道利用方式的认知等。

"沙漠之舟" 野骆驼

骆驼被称为"沙漠之舟"，传说它们高高的驼峰里存储了足够的水分，只要饮一次水就可以坚持数月——这种说法其实是人类的异想天开，真实状态下的骆驼绝非如此。我们以濒危物种野骆驼（野生双峰驼）为例，看看它是如何适应沙漠环境的。

动物小档案

- **学名：野骆驼**
- **门：脊索动物门**
- **纲：哺乳纲**
- **目：偶蹄目**
- **科：骆驼科**
- **属：骆驼属**
- **保护级别：极危、国家一级保护野生动物**

罗布泊是亚洲中部最干旱的地区，是塔里木盆地水和盐分的聚集地，凡是到过罗布泊的人都会被眼前的这片荒凉的土地震惊：这里的盐壳几乎和石头一样坚硬，没有淡水，有的只是零星散布的又苦又咸的盐泉。冬季奇冷，寒流来袭时，气温可下降到-40℃；而夏季又出奇的热，地表温度最高可达70℃以上。罗布泊一年四季常常狂风大作，飞沙走石。这里的大部分地区寸草不生，只有在盐泉附近长着稀疏的盐生植物，如沙拐枣、骆驼刺。

◀双峰驼

罗布泊

这片看似荒凉的土地，却是野骆驼赖以生存的家园。野骆驼是如何在这荒无人烟的罗布泊地区生存下来的呢？

这就要从野骆驼自身说起了，它们身上的一切构造都是为了适应沙漠而存在的。在沙漠中生活，必须具备防风沙的功能。野骆驼鼻孔中有瓣膜，能随意开闭，既可以保证呼吸通畅，又可以防止风沙灌进鼻孔内。更为神奇的是，从鼻子里流出的水还能顺着鼻沟流进嘴里。野骆驼的耳壳小而圆，可以折叠，内有浓密的细毛可以阻挡风沙。它们的眼睛外面有两排长而密的睫毛，并长有双重的眼睑，两侧眼睑均可以单独启闭，在弥漫的风沙中仍然能够保持清晰的视野。

再看野骆驼的毛发，它背部的毛有保护皮肤免受炙热阳光照射的作用。野骆驼全身的淡棕黄色体毛细密柔软，均较短，毛色也比较浅，没有其他色型，与其周围的生活环境十分接近。每年5—6月换毛时，旧毛并不立即脱掉，而是在绒被与皮肤之间形成通风降温的间隙，从而度过炎热的夏天，直到秋季新绒长成以后，旧毛才陆续脱掉。

野骆驼背上最显著的特征是生有两个较小的肉驼峰，下圆上尖，坚实硬挺，呈圆锥形，峰顶的毛短而稀疏，没有垂毛。过去，人们曾认为驼峰是储水的器官。后来的研究表明，那里存储的是"能量"。驼峰内部主要是脂肪和结缔组织，隆起时蓄积量可高达50千克，在饥饿和营养缺乏时可逐渐转化为身体所需的热能。

此外，野骆驼还具有适时变化的体温，傍晚时升高到40℃，在黎明时则降低到34℃，从而适应沙漠地带一天中较大的温差。

野骆驼的四肢细长，与其他有蹄类动物不同，它的第三趾、第四趾特别发达，趾端有蹄甲，中间一节趾骨较大，两趾之间有很大的开叉，这是因为野骆驼掌骨下端有一深沟，将骨分作两支，所以在这个地方分成了明显的两趾，形成了"丫"字形，并与趾骨连在一起，外面有海绵状胼胝垫，增大接触地面部分的面积。因而能在松软的流沙中行走而不下陷，还可以防止足趾在夏季灼热、冬季冰冷的沙地上受伤。此外，它的胸部、前膝肘端和后膝的皮肤增厚，形成7块耐磨、隔热、保暖的角质垫，以便在沙地上跪卧休息。

　　不仅身体的构造适应沙漠的环境，野骆驼的行为方式上也深深打上了沙漠动物的烙印。

　　在沙漠中生活一定要耐得住饥渴。野骆驼很耐渴，能够很长时间不喝水。野骆驼耐渴的机理，人们尚未完全搞清楚，一般认为有以下原因：

　　一是在有水的情况下，它可以一次畅饮 10 千克以上，水在胃内被贮存起来；

　　二是它的血浆中有一种特殊的蛋白质，可以维持血浆中的水分；

　　三是它的鼻腔黏膜面积很大，能防止水分流失；

　　四是它的体温昼夜差别达 6℃，所以能够通过调节体温来控制水的消耗。

此外，野骆驼的皮肤很少出汗，排尿较少；粪便干燥，含水量极低；呼吸次数少，且从不开口呼吸，因此它们在夏天可以几天甚至几十天不喝水。除了耐渴，野骆驼还练就了喝咸水的本领。野骆驼的食物也是多种多样，沙漠中生长的棱棱草、狼毒花、芦苇、骆驼刺等贫瘠的沙漠植物都是它们可充饥的食粮。吃饱后，它们就找一个比较安静的地方卧息反刍。

恶劣的生活环境，使野骆驼练就了非凡的适应能力，具有许多其他动物没有的特殊生理机能，不仅能够耐饥、耐渴，也能耐热、耐寒、耐风沙，因而有"沙漠之舟"的赞誉。

野骆驼曾存在于世界上很多地方，但至今仍在野外生存的仅存在于蒙古国西部的阿塔山和中国的西北地区，这些地区都是大片的沙漠和戈壁等"不毛之地"。野骆驼的生存环境非常恶劣。在我国，阿尔金山北麓、罗布泊噶顺戈壁、塔克拉玛干沙漠及中蒙边境的阿尔泰戈壁滩，是野骆驼仅有的四大栖息地。

研究表明，在人口稀少的古代，整个中亚到西亚东部的低海拔丘陵及平原地区都有野骆驼分布。近些年，人类活动增多，侵占了野骆驼的水源地，造成水源地的污染和生态植被的破坏，野骆驼的生存正面临威胁，分布区迅速缩小。野骆驼本有单峰驼与双峰驼两种，但野生单峰驼早已灭绝，如今，野生双峰驼的数量也在逐年减少，在我国西北荒漠地区，已经很难遇到野骆驼了。

豺狼豺狼，豺去哪儿了？

很多人会把豺和狼混为一谈，其实豺与狼的区别还是很大的。从外貌到习性，豺与狼有着诸多明显的不同。

①从分类上来说，豺与狼同为犬科，但豺是豺属下的唯一物种，狼属于犬属。

②从外观上来看，豺有些像狼和狐狸的结合体，体型比狼略小；豺的躯干和四肢结构更像猫科动物，相比于狼，它们的行动更加敏捷。

③豺与狼虽然都是群居动物，但是狼的等级更加森严，豺群成员则较为友爱。豺群中没有严格等级，它们更像是搭伙过日子，捕到猎物之后一起分享；而狼群中个体的角色、等级更加明显，抓到猎物后，进食往往有一定的先后顺序——"老大"先吃。狼群中处于首领地位的狼很容易识别，它往往个头儿更大；而豺群中虽也有首领，却很难通过其外部特征和行为识别，首领豺不会表现出"老大"的气势，但其他成员也会较为顺从它。

④豺与其他犬科动物不同，它们往往不会标记自己的领地；而狼的领域性很强，通常会用尿液或者其他痕迹来标记领地。

⑤豺群中可能包含一只以上可以繁殖的雌性；而狼群中往往只能有一只可以繁殖的成年雌性。

▲ 豺

◀ 狼

有些不科学的民间演绎甚至把豺和狼塑造成形影不离的好搭档。实际上，豺与狼从来不是搭档，更不会合作，它们之间是竞争关系。豺与狼的主要猎物都是中小型的有蹄类和啮齿类动物，并且豺与狼都是群体合作捕猎，因此，豺与狼不得不面对种间竞争的压力。除非在食物极为丰富的情况下，豺与狼才可以共存。即便如此，它们也是分地盘的。

动物小档案

- **学名：** 豺
- **门：** 脊索动物门
- **纲：** 哺乳纲
- **目：** 食肉目
- **科：** 犬科
- **属：** 豺属
- **保护级别：** 濒危、国家一级保护野生动物

豺分布于南亚和东南亚地区，但其密度在各个分布地区都较为稀疏，数量远不如狼那样多。豺喜好的生境是森林覆盖的山地和丘陵地区，它们居住于岩石缝隙、天然洞穴，或隐匿在灌木丛薮之中，但不会自己挖掘洞穴。

　　豺与亚洲其他大型食肉动物的猎物种类重合度较高，它们不得不面对不同种群之间的竞争压力。在印度，豺和豹、虎的竞争尤为激烈。我们汉语中有一个词叫"豺狼虎豹"，很多人可能不理解，为何豺排在第一位，这还得从豺惊人的战斗力说起。

　　由于生存压力大，豺比狼更具有社会性，但其等级并没有那么严格，它们的社会结构非常类似于非洲野犬。在开始狩猎之前，豺群会进行一个"社交仪式"，成员之间会互相触碰鼻子、进行身体摩擦等。在追击猎物的过程中，它们有着密切的配合，会分批次投入战斗：几只豺在追逐猎物时，其余的成员会躲藏起来，或者在后面保持稳定的步伐而节省体力；前面的豺追捕累了，后面的轮番上阵，直到将猎物擒获。一旦大型猎物被捕获，一只豺会抓咬猎物的鼻子，而其余成员则从侧翼和后方将猎物撂倒。

　　老虎作为森林之王，好像很少有动物可以威胁到它们，但是豺却是个例外。在某些地区，比如印度，豺与老虎生活区域重叠，它们之间的竞争大多是通过猎物选择的差异来避免的。然而，在某些情况下，豺依旧可能攻击老虎（主要是孟加拉虎）。当面对豺群的围攻时，老虎会上树躲避。在老虎最后一次逃跑之前，它可能会被豺群长时间围攻。而那些逃跑的老虎通常会被杀死，而站在原地的老虎则有更大的生存机会。这是因为，在逃跑过程中，豺群会分梯队消耗和围攻老虎，直到老虎体力耗尽，将其杀死。

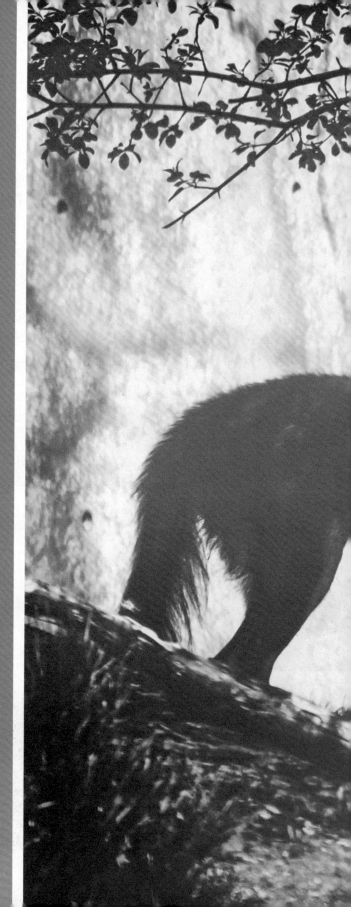

豺经常组成 3~5 个成员的小群，特别是在春季，因为这是捕捉小型有蹄类动物的最佳团队配置。在印度，一个豺群通常有 5~12 个成员，但也有 40 只的报道。2021 年，有人在祁连山国家公园青海片区遇到了 10 只豺组成的豺群，是中国境内记录到的豺群成员数量最多的一次。

历史上，豺的分布非常广泛，但如今全球 75% 的豺已经从其原有分布地区消失了。以中国西南地区为例，30 年前，豺还是一种常见动物；如今，我考察了四川 9 个国家级保护区，没有一个保护区在 15 年内记录和拍摄到豺。世界自然保护联盟把豺列为濒危动物，据估计，全球只有 4500~10500只。所以，能一次在野外见到 10 只豺，可想而知其难度和运气。

豺大规模减少的主要原因在于栖息地被破坏、猎杀及传染病。栖息地被破坏这个因素无需多讲，随着人类活动的扩张，大多数野生动物的栖息地都在锐减。豺皮（肉）自古以来是一味中药，《唐本草》记载："豺皮主冷痹脚气，熟之以缠病上，瘥止。"中医认为，豺皮（肉）有补虚消积、散瘀消肿的作用。因巨大的市场利益，引来不少人想方设法猎杀豺。此外，豺很容易受不同疾病的影响，特别是在与其他犬科动物共同生活的区域。豺可能会感染狂犬病、犬瘟热等，近20年中国南方豺种群断崖式减少，很有可能是因为突然感染了某种疾病。

过去各地把豺常以害兽对待，未予保护，导致豺在东北、华南等地绝迹。《国家重点保护野生动物名录》曾长期将豺列为"二级保护动物"，2021年升级为"一级保护动物"，禁止任意捕猎。但这样的"升级"是令人痛心的，客观上说明该物种已非常稀少。祁连山保护区遇见10只豺，这对于豺保护而言无疑是一个好消息了。

鸟类

关于金周佳的传说

　　有传言说，老鹰是寿命最长的鸟，可以活到七十岁。当它活到四十岁时，喙、爪子、羽毛都已经老化，这时它必须飞到悬崖上，用岩石把喙敲掉，让新的喙长出来；把爪尖拔掉，让新的爪尖长出来；把羽毛拔掉，让新的羽毛长出来。五个月以后才可以重新飞翔，这样它可以再活三十年。

鹰▶

"老鹰重生"这个故事有太多的版本，几乎都是虚构的。我们不妨来了解一下故事里的"老鹰"，鹰是鸟纲鹰形目下的一科，成员复杂，人们所熟悉的猛禽如鹰、雕、鹞、秃鹫，等等，都是鹰科的成员。说回"老鹰重生"的故事：鸟喙是头骨的一部分，而且喙是有知觉的，鸟类不会将自己的喙打掉，所以故事中的老鹰用喙击打岩石来换新的，是不可能发生的；鸟类的爪尖是角质的，跟我们的指甲一样，可以再长出来，但老鹰是不会将爪尖拔掉或磨掉的；鸟类更换羽毛是自然现象，很多鸟类都有繁殖羽和非繁殖羽两种外观，也就是说，到了繁殖季节，这些鸟儿身上的羽毛会发生变化，多数会变得漂亮不少，以此来吸引异性，但这种繁殖羽的变化并不需要拔掉旧羽毛。

"老鹰重生"虽然与事实不符，但这个故事之所以成为广为流传的励志故事，是因为人类对自然界存在敬畏之心，我们很佩服这些大型鸟类能在残酷的环境中生存下去。

鹰科的猛禽，究竟有着怎样的生存方式呢？

金雕是鹰科的一种猛禽，世界自然保护联盟将其判定为"无危"，但在我国，却是国家一级保护动物。金雕栖息于高山草原、荒漠、河谷和森林地带，冬季亦常到山地丘陵和山脚平原地带活动，其栖息海拔高度可达4000米以上。金雕体长近一米，两翼展开有两米多宽，体重2~6.5千克。金雕常在高空中盘旋，近地面时可俯冲，那一双利爪，如同索命的"无常"，无论是飞禽还是走兽，无不闻风丧胆，突显了猛禽之"猛"。金雕身上披着暗棕色的"风衣"，尾羽末端有一条宽的黑带，全身最醒目的地方在头部，棕黄色的头羽在阳光下闪耀出金色的光芒，犹如一顶高贵的王冠，彰显着"王者"身份，这也是金雕名字的由来。

动物小档案

- 学名：金雕
- 门：脊索动物门
- 纲：鸟纲
- 目：鹰形目
- 科：鹰科
- 属：真雕属
- 保护级别：无危、国家一级保护野生动物

　　金雕有粗壮的足，足端有锋利的爪，在捕捉猎物时，它的爪子就像两把利刃，插入猎物身体。在文学故事或影视作品里，常出现金雕捕食山羊、鹿、狐狸等动物的情节，但有研究结果显示，实际情况下，金雕很少捕食大型动物，而捕食兔子、老鼠、旱獭、刺猬、松鼠等小型动物的数量，占其总猎物数量的94%。

金雕完全具有捕食羚羊、梅花鹿等大型猎物的能力，但更多时候它还是倾向于选择小型的猎物，为什么会有这样的现象呢？我们可以站在金雕的角度去权衡利弊。金雕捕猎是为了获得一定的能量补充，捕杀大型猎物要比小型猎物耗费更多的能量，所以在能够满足自身能量需求的情况下，金雕更愿意选择捕猎耗费体力较小的猎物。

此外，金雕的利爪虽然有利于抓住猎物，但它自身的承重能力是有限的，有研究表明，体型较大的雌金雕（雌金雕比雄金雕体型略大，携带重量也略大）空中携带重量的上限为6.35千克。金雕捕猎羚羊等动物，往往是利用自身的空中优势将猎物推下悬崖摔死后分解尸体，所以，即使金雕杀死了一只重量几十千克的大型猎物，最后能带走的也只是猎物身体的一部分。

曾有一则金雕抓着野猪飞上天的新闻，仔细观察现场拍到的照片可以发现，被抓的野猪体长大约为金雕体长的三分之一，金雕体长通常为76~102厘米，这只野猪的体长应该在25~34厘米，这个体长的野猪应该为未满月的猪崽，估计体重不足5千克，金雕完全可以抓起这只小野猪在空中飞行。

　　网络上有一篇讲述"金雕复仇"的文章流传甚广，大意是曾有个猎人捕杀了金雕的孩子，金雕记住了这个猎人并在不久之后对其实施了报复。

　　学习与记忆是动物和人类生存进化过程中的一种高级神经活动。哺乳动物的海马体对于学习与记忆起着重要作用，而鸟类的大脑也有海马体。鸟类中最聪明的是鸦科，鸦科鸟类具有相对优秀的记忆能力和推理能力，还具有一定制作和使用工具的智力。而鹰科的金雕等大型猛禽的智力相比于鸦科鸟类来说要逊色很多。金雕并不会记得是谁抢走了它的孩子，更不可能去追逐和攻击某个人。金雕观察到地面上有山羊、狐狸、旱獭、野兔等动物时，找准机会俯冲下来扑杀猎物，这是金雕自身的捕猎属性所决定的。所以，网络上"金雕复仇"的故事所描述的现象，实际并不可能发生。

一些文学作品中有"金雕很难被驯服,一旦被驯服便会绝对效忠主人"这样的描述。现实中确实存在"猎鹰",即人们利用训练过的鹰帮助捕猎,可作为猎鹰的种类很多,其中就包括金雕。不可否认,作为一种古老的技艺,驯养猎鹰曾经在人类生产、生活中发挥了一定作用。但是,在很多地区,逐水草而居的游牧生活已经成为历史,猎鹰早已失去用武之地。并且,古代的猎鹰和现代的猎鹰有着本质的不同。古代,人们驯养猎鹰通常是秋冬季抓鹰,春季繁殖期放掉,不影响其野外繁殖;而今,许多人为了商业利益,违背了鹰的繁殖规律,只抓不放,出现了许多非法捕猎、非法交易、非法驯养现象,屡禁不止,野生猛禽的种群数量已岌岌可危。

全世界约有 80 个国家从事猎鹰活动,猎鹰还被联合国教科文组织列为"人类非物质文化遗产"。从动物保护的角度来看,猎鹰可以适当保留,但是绝不能提倡和发扬!更要警惕一些别有用心的人,打着传统文化的旗号来充实自己的腰包。现如今,猛禽的数量在不断减少,栖息地的破坏已经很不利于它们的生存,如果再加上人类的捕猎,只会加快它们灭绝的速度。我们只有保护它们,尊重它们的生存方式,才是维持人与自然和谐发展、维护人类世界和平稳定的理智行为。

朱鹮的重生之路

　　古人的诗词歌赋中不乏各种鸟的身影，而有一种鸟，频频成为诗人们歌咏的对象。汉代著名辞赋家扬雄曾写道："朱鸟翾翾，归其肆矣。"唐代诗人张籍还专门写过一首《朱鹭》，有"翩翩兮朱鹭，来泛春塘栖绿树"之句，引发人们的无限遐想。这里的朱鸟、朱鹭所指的是同一种鸟，它的学名叫作朱鹮。

　　物以稀为贵，朱鹮以其稀少的数量和美丽的形态闻名于世，是亚洲地区特有的珍贵涉禽。曾几何时，朱鹮家族也兴盛一时，但因为环境变化、资源缺乏，以及人类的狩猎，朱鹮一度面临灭绝的危险。有着"鸟类大熊猫"之称的朱鹮到底经历了什么，又是如何存活下来的呢？

　　朱鹮古称朱鹭，是一种中等体型的涉禽，通体白色，背和两翅及尾下缀有粉红色，后枕有一条柳叶形羽冠，额到面颊部为鲜红色。朱鹮栖息于溪流、沼泽、稻田，以鱼、蟹、蛙、螺等水生动物以及昆虫为食。朱鹮是一夫一妻制，繁殖期筑巢于高大的乔木上，巢用树枝搭建。

　　据文献记载，朱鹮历史上属广布种，广泛分布于亚洲东部，北起俄罗斯布拉戈维申斯克，南到中国台湾，东至日本岩手县，西抵中国甘肃。中国大陆境内，朱鹮广泛分布于东北、华北、华东、华南和中西部地区，共有15个省份曾有过朱鹮分布的记录。

　　早在古埃及，朱鹮就出现在金字塔的壁画中。在埃及神话中，朱鹮是正义的化身。历史上，日本对朱鹮也情有独钟，一度将其当成国鸟，备受皇室的尊崇。朱鹮的拉丁学名为"Nipponia Nippon"，译为"日本的日本"，足见日本对此鸟的喜爱和重视。

朱鹮是历经几十万年进化而来的物种，经历过沧海桑田，见证了地老天荒。大自然的种种磨难，挡不住物种求生的渴望，然而，面对人类工业文明的进程，朱鹮却渐渐失去了昔日生命的顽强！

随着人类活动对生态环境的迅速改变，朱鹮的数量自19世纪后期逐渐减少。20世纪中期以来，由于环境破坏，湿地面积缩小，食物资源、营巢树木严重缺乏，加之人类捕猎等原因，朱鹮的数量急剧下降。1963年以后，俄罗斯地区一直没有朱鹮的记录；朝鲜半岛的最后一次记录，是1979年见到1只；当时日本也仅发现6只朱鹮。

　　中国是朱鹮的主要历史分布区，原有迁徙、留居两个类型。然而因朱鹮不能适应生态条件的急剧变化，分布范围迅速缩小。即使是最晚的朱鹮标本采集点——甘肃康县岸门口（1964 年 6 月），如今也变成了人口密集的城镇。据称，1972—1975 年在我国还采到过朱鹮的标本，但并无确切的证据。此时，朱鹮距离灭绝只有一步之遥！

　　对于朱鹮的保护势在必行，除了出于物种多样性的考量，还因为朱鹮独特的文化和生态价值，以及其对生态环境的指示作用。此外，朱鹮还是旗舰物种，保护了朱鹮就意味着保护了朱鹮栖息地的其他野生动物。

为了弥补人类的过错，1978年起，全国开启了寻找朱鹮的计划。

1978—1981年，中国科学院动物研究所对我国辽宁、安徽、江苏、浙江、山东、河北、河南、陕西、甘肃等九省有关地区进行了三年的调查。老一辈的科学家们，风餐露宿，历经千险，终于在1981年6月23日和6月30日，在陕西洋县境内金家河及姚家沟，即秦岭的海拔1200~1400米处，发现了2对朱鹮成体和3只幼体。如此稀少的种群数量，它们能否继续存活、如何进行保护，成为摆在中国鸟类学家面前的一道难题！

为了保护这世界上可能仅存的野生朱鹮，中国各级政府和研究管理部门先后采取了一系列保护拯救措施。首先进行了就地保护，即在朱鹮的自然栖息地内，拯救和恢复其野生种群。在朱鹮的保护进程中，保护野生种群及其栖息地尤为重要。自1981年重新发现朱鹮野生种群后，我国加大就地保护措施，并取得显著成效。2005年，经国务院批准成立陕西汉中朱鹮国家级自然保护区。

在就地保护的同时，异地保护也相继展开，即将濒危物种的部分个体转移到人工条件比较优越的地方，通过人工饲养繁殖的方式保存并建立

一定规模的、健康的人工种群。1981年5月，一只朱鹮雏鸟被送到北京动物园进行人工饲养；1989年，世界上首次人工繁殖朱鹮在北京动物园获得成功；截至2005年6月底，中国人工饲养的朱鹮数量已达到424只。

不仅如此，我们的经验和技术还被引入了日本。1998年和2000年，我国先后将3只朱鹮赠送给日本。与此同时，我国专门派出技术人员，传授朱鹮的人工繁殖技术，在日本佐渡朱鹮保护中心建立起新的朱鹮人工种群。濒危的朱鹮在中日两国建立起稳定的人工种群，已成为世界濒危物种保护和国际合作的一个成功典范。

好消息还在继续，随着朱鹮人工种群的日益壮大，让人工种群回归自然的时机已经成熟。2004年10月，陕西洋县华阳镇开展了饲养个体的野化放飞实验。共有12只人工饲养的朱鹮被放归野外，科研人员对其中5只进行了无线电遥测跟踪。至2005年6月，除3只失踪外，其余9只都已适应野外环境，并与野生朱鹮种群合群生活。

经过多年的努力，朱鹮这一极危物种已经得以保存和壮大。根据调查结果，朱鹮野生种群数量已经由1981年的7只发展到现在的5000余只，在陕西洋县华阳镇，它的分布范围也在向周边多个县市扩展。在当地，朱鹮也由以前的难觅身影，扩大到了现在"见不到都困难"的程度，这样的结果令人十分欣慰。

人类文明发展到今天，需要我们善待每一个物种。因为从某种程度上讲，生态文明的尺度是由人类和动物之间的距离来衡量的！

保护"唐老鸭"

　　新疆乌鲁木齐市的郊区，有一个小的湖泊，当地人称之为白鸟湖，有一种名为白头硬尾鸭的鸟儿每年不远万里来此繁殖。很多人可能对于白头硬尾鸭感到陌生，它另一个身份，就广为人知了——白头硬尾鸭就是大名鼎鼎的卡通形象"唐老鸭"的原型。

动物小档案

- **学名：白头硬尾鸭**
- **门：脊索动物门**
- **纲：鸟纲**
- **目：雁形目**
- **科：鸭科**
- **属：硬尾鸭属**
- **保护级别：濒危、国家一级保护野生动物**

　　白头硬尾鸭以前在中国没有分布，仅仅作为迷鸟被记录过两次，一次是在内蒙古鄂尔多斯，一次是在湖北洪湖。2007年的时候，新疆观鸟会成员在乌鲁木齐近郊的白鸟湖发现了它们，当时一共记录到 57 只，不知何故飞到此处，后来它们就在白鸟湖繁殖，以后虽然没有再见到过那么多只，但是每年都有几对。

★★★★★

　　迷鸟，顾名思义，就是迷路的鸟，指因天气原因（如狂风）而偏离了迁徙路线，出现在本不应该出现的区域的鸟类。迷鸟一般不会在这些区域定居，因此通常不会成为外来物种。

雄性白头硬尾鸭

雌性白头硬尾鸭

　　白头硬尾鸭雄鸟身材微胖，嘴巴呈蓝色，尾巴翘起。或许正是由于采用了这个可爱的形象，才使得"唐老鸭"能够风靡全球吧。和雄鸟的形象不同，雌鸟要低调多了，它们体型小得多，浑身褐色，头部有一道白色的横纹。白头硬尾鸭很"懒"。在白鸟湖，绿头鸭、赤麻鸭每天都围着湖转，而白头硬尾鸭的活动范围仅限于湖东部水域，湖的西面根本不去。它们的生活节奏往往是"两点一线"，往返于巢区和觅食区之间。早晨和下午是两个觅食高峰，中午是它们午休的时刻。觅食的时候，它们潜入水下，一般持续 15~30 秒。湖中的藻类、水生昆虫都是它们的食物。

在新疆白鸟湖的白头硬尾鸭还有一段曲折的故事。

每年 4 月初，白头硬尾鸭从越冬区迁徙到白鸟湖。没有人知道这里的白头硬尾鸭具体来自哪里，据推测为地中海地区，因为那里是它们的越冬区。2012 年的时候，两对白头硬尾鸭把巢建在了白鸟湖的东南部，那里有一片芦苇区，可以躲避天敌。但湖周围的牧民为让芦苇更快地生长，将湖东南部的芦苇全部烧光了。巢区被毁，白头硬尾鸭围着湖一圈圈转悠，好像离家的孩子找不到回家的路。三天后，它们又在湖的东北部找到了新的安身之所。看来白头硬尾鸭十分依恋这片土地，从此以后，它们就在白鸟湖的东北部安家了。

▼ 高速出击的雄性白头硬尾鸭

黑水鸡 ▲　　　　　　　绿头鸭 ▲　　　　　　凤头䴙䴘 ▲

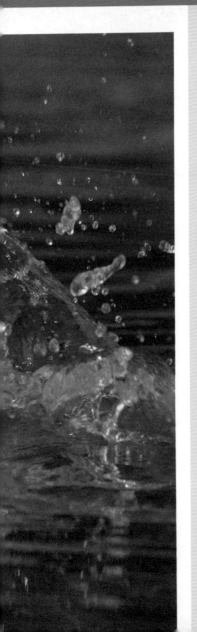

　　为了繁育后代，白头硬尾鸭夫妇不辞劳苦。进入繁殖期，两个家庭的雄鸭结伴一同把守进出巢区的水道，其他鸭子一旦进入，它们就立即驱赶。别看平日里白头硬尾鸭一副"呆萌"的样子，在保卫自己巢区方面可一点儿都不含糊。它们把脖子往后一缩，下巴紧贴水面，后掌快速拨水，在湖面上急速滑行，犹如一艘快艇，以此驱赶来犯之敌。见此架势，旁边游玩的绿头鸭立即躲开，附近觅食的黑水鸡夺路而逃，在周围潜水的凤头䴙䴘也会尽快溜走。

　　更换巢区后的白头硬尾鸭夫妇，产下了一窝卵，雏鸭也顺利孵出。可是由于生长期短，到了迁徙期的时候，雏鸭依然不具备飞行的能力，无法迁徙。往年9月中旬，它们就该飞走了，可是白头硬尾鸭夫妇一直等待着它们的孩子，陪伴着、鼓励着孩子在湖边练习飞行。一天一天过去，别的鸟儿都已经陆续离开，白头硬尾鸭依旧在等待、坚守，希望孩子尽快成长，赶上迁徙的末班车。然而，直到10月初，它们不得不走了，为了迁徙和生存，只好将孩子遗弃，白头硬尾鸭夫妇这一年的努力就这样白费了。

2016 年，一群盗猎者盗走了一窝白头硬尾鸭的卵，后来被巡护队、截获了。在巡护队的帮助下，成功孵化出了一只雏鸭，取名叫"希望"，后来将其放归了。遗憾的是，这只雏鸭在放生后的第三天就被发现死在了一处排污口。

这些年来，乌鲁木齐城市开发速度越来越快，白鸟湖四周的土地都已经被开发。南边和北边是武警训练基地，东边和西边是采石场。即便如此，白头硬尾鸭依旧不离不弃，从第一次在这里发现它们，到如今已经十多年了。

白头硬尾鸭忍受污染、噪声、偷猎，却始终留恋这片土地，可是四周日渐喧闹的环境却已经容不下这群生灵。2017 年 5 月 7 日，巡护队在芦苇荡边打捞起一具白头硬尾鸭的尸体，是雄性亚成体，在它的头部发现了一颗 8 毫米的钢珠，显然这是人类所为！

近年来，随着中国科学院新疆生态与地理研究所的马鸣研究员，以及多个动物保护组织的护鸟爱鸟人士的奔走呼吁，在当地政府的积极努力下，白头硬尾鸭被列为新疆维吾尔自治区一级保护动物，受到保护和关注，数量出现回升。2018 年 10 月 25 日，《新疆晨报》发布了关于白头硬尾鸭的专题报道，报道称："随着乌鲁木齐白鸟湖生态环境向好发展，今年湖区白头硬尾鸭数量已累计增加到 31 只，达到十年来最高值。而湖中的野鸭等水鸟数量也有所增多。"

人类的保护工作对鸟类生存正产生积极意义，保护城市周围的湿地，为鸟类留住一片乐土，需要我们共同努力。

白尾地鸦与宝藏

在新疆的塔克拉玛干沙漠，流传着一个传说：沙漠中生活着一种鸟叫"克里尧丐"，跟着它的足迹就可以找到埋藏于地下的宝藏。

"克里尧丐"是维吾尔语，翻译成汉语为"奔跑如飞"的意思。这种鸟的学名叫作白尾地鸦，是中国特有鸟，其分布仅限于新疆南部塔里木盆地中的塔克拉玛干沙漠地区。早在1876年，俄国探险家普尔热瓦尔斯基在塔里木河至罗布泊考察时，就曾收集到白尾地鸦标本，并把它定名为"塔里木松鸦"。

▲ 白尾地鸦（王尧天 摄）

动物小档案

- 学名：白尾地鸦
- 门：脊索动物门
- 纲：鸟纲
- 目：雀形目
- 科：鸦科
- 属：地鸦属
- 保护级别：近危、国家二级保护野生动物

提到"鸦"，人们总是会首先想到常见的乌鸦，其实鸦科是一个庞大的家族，地鸦也是鸦科中的一属。常有人说"天下乌鸦一般黑"，的确，鸦属下的种类（乌鸦）大多数呈现黑色的体色，而地鸦属的白尾地鸦却不黑。白尾地鸦通体沙褐色，十分接近沙漠的颜色，其翅膀和尾部均有白色的羽毛，这与我们所熟知的全身黑色的乌鸦差别很大。

▲ 地山雀

茫茫沙漠中，白尾地鸦是如何生活的？这一谜团不禁给它披上了一层神秘的面纱。当地人流传，白尾地鸦生活在古墓附近，以尸体为食。而中国科学院新疆生态与地理研究所的马鸣研究员通过研究发现并证实了白尾地鸦的食物以昆虫为主，另外，也食蝗虫、蜥蜴，植物果实、种子，苇叶，双翅目幼虫及其他昆虫的幼虫等，属于杂食性鸟类。

随着横穿塔克拉玛干沙漠的公路的建成，沙漠中人类活动的增加，给白尾地鸦的生存带来新的机遇。沙漠公路的临时停车场（垃圾站），或者是人类新建的临时定居点（如牧业村、养路段、石油基地、物探队、公路驿站），成为白尾地鸦新的觅食地。马鸣的学生徐峰博士对白尾地鸦的研究结果表明：在公路附近，白尾地鸦的数量比远离公路的多，这是因为道路的边缘尤其是防护林可以为白尾地鸦提供足够的食物资源和巢区。此外，另一些陆生物种，如云雀、地山雀、长嘴百灵等，在道路附近的地方，其种群丰富度也会偏高。

白尾地鸦还有着储藏食物的本领。

马鸣研究员在沙漠中做过一个实验，他把馕（新疆的一种特色食物）的碎片丢弃在路边，机警的白尾地鸦很快发现了食物，但它们似乎不急于填饱肚子，而是先把食物运走，然后找个地方埋藏起来，并且在最短的时间内"清理现场"，避免被其他动物发现。

而正是由于白尾地鸦埋藏食物的天性，才有了开头的传说。民间根据这一点，将白尾地鸦与挖掘宝藏联系在了一起。此外，造成这种误会的原因还有白尾地鸦喜欢在沙漠古城附近活动，是唯一能引起沙漠行者注意的生灵，它也因此成为许多盗墓者的"指示鸟"。这并不奇怪，历史上的古城多位于古河道的尾闾，有些地带如今依然有着比较丰富的地下水和植被，自然会成为白尾地鸦的栖息地。

云雀

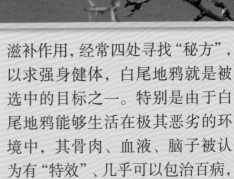

长嘴百灵

实际上，人类活动的加剧，带给白尾地鸦机遇的同时，更多的是威胁。虽然，在白尾地鸦分布的塔克拉玛干沙漠地区人烟相对稀少、人为破坏相对较轻，但近50年来，周边地区的开发活动日益加重，对沙漠植被、水源（河流、湖泊、地下水）和气候都有深刻的影响。白尾地鸦面临的威胁来自许多方面，如石油开采对其栖息地的破坏、人口增加引起的环境变化，甚至还有来自人类的猎杀。

不少人迷信野生动物的特殊滋补作用，经常四处寻找"秘方"，以求强身健体，白尾地鸦就是被选中的目标之一。特别是由于白尾地鸦能够生活在极其恶劣的环境中，其骨肉、血液、脑子被认为有"特效"、几乎可以包治百病，造成了大量滥捕滥杀。

遗憾的是，白尾地鸦目前的数量已不足7000只，被列入了《世界自然保护联盟濒危物种红色名录》。然而，白尾地鸦在中国仅被归入"国家二级保护动物"，对其研究与保护仍有待加强。

▲ 绿孔雀

蓝孔雀 ▼

▲ 绿孔雀

我们在动物园中能看到许多孔雀，它们的头、颈、胸部呈现美丽的蓝色，名为蓝孔雀。蓝孔雀的数量很多，但它的近亲绿孔雀却已极度濒危，据统计，全世界范围内数量已不足 500 只。而在古代，绿孔雀的数量却非常多。据《南方异物志》记载："孔雀，交趾、雷、罗诸州甚多，生高山乔木之上。大如雁，高三四尺，不减于鹤。细颈隆背，头戴三毛长寸许。数十群飞，栖游冈陵。晨则鸣声相和，其声曰都护。"据推测，这里的"孔雀"所指的就是绿孔雀

孔雀属有绿孔雀和蓝孔雀两种。蓝孔雀又名印度孔雀，广泛分布于南亚次大陆；绿孔雀又名爪哇孔雀，主要分布于中南半岛，在中国仅见于云南西南部。

动物小档案

- 学名：绿孔雀
- 门：脊索动物门
- 纲：鸟纲
- 目：鸡形目
- 科：雉科
- 属：孔雀属
- 保护级别：濒危、国家一级保护野生动物

　　提到孔雀，不能不提大名鼎鼎的"孔雀胆"，在民间，人们将其视为剧毒之药。据元朝熊太古《冀越集记》记载："孔雀虽有雌雄，将乳时登木哀鸣，蛇至即交，故其血胆皆伤人。"而《日华子本草》及《异物志》却说"其血与首，能解大毒"。实际上，孔雀的胆并没有毒，"孔雀胆"不过是一种挂名的毒药罢了。

　　关于幼孔雀的成长过程，清代的刘世馨根据他在岭南多年的经验，写了一部《粤屑》。他在书中提到，钦州一带的人多饲养孔雀。可是怎样找小孔雀呢？办法就是到深山中去寻找孔雀卵，带回后借由母鸡孵化，一般经过48天（孔雀实际孵化期为26~28天），小孔雀就破壳而出了。对于初出的小孔雀，开始饲以蚂蚁卵，3天后，便可像一般小鸡一样饲养。随着成长，小孔雀的头上会慢慢长出翎冠。此外，书里还谈到，钦州一带有的人家饲养孔雀几十只，当成群的孔雀在空中飞翔时，可谓光彩夺目。

古代对于孔雀的认识仅仅停留在猜测和感官的描述上，直到现代，人们对孔雀才有了科学的认识，对于较为稀有的绿孔雀，科学家们也进行了深入的研究。

1996年，中国鸟类学家杨晓君等人在云南省景东彝族自治县对绿孔雀的栖息地和行为活动进行了初步观察，发现：

①绿孔雀的栖息地类型有季风常绿阔叶林、思茅松林、针阔混交林、稀树灌丛、荒地灌草丛、农田等；

②绿孔雀主要选择乔木林、离水源和人类活动区较近、光照条件好、植被分为5层和土壤干燥的生境类型活动，其中农田是其最主要的觅食场所；

③绿孔雀的活动范围为0.38~0.56平方千米；

④绿孔雀的行为活动具有上午和傍晚两个较明显的高峰，大约有一半的时间（51.82%）用来觅食；

⑤绿孔雀的鸣叫频次具有明显的日节律性，主要出现在白天7~10点和晚上7点，最高峰则在白天9~10点。

有道是"人为财死，鸟为食亡"，可见食物在鸟类的生存中占据着重要地位。绿孔雀的食物多种多样，如果是地面上的草叶或者散落的果实，它们会直接低下头啄食；如果是比它们高的花或者种子，它们会跳起来啄食；如果是蚱蜢，它们则会跑来跑去地追逐，甚至也会跳跃起来。通常情况下，绿孔雀早晨从休息地起来后，会直接到觅食区觅食3~4个小时，饱餐过后的它们会走到有遮蔽的地区休息，等到下午再出来觅食4~5个小时。

在去觅食地的途中，通常会由一只绿孔雀充当首领，走在群体的最前面。如果觅食的地方过热，绿孔雀会先到附近隐蔽的地方遮阳，或者回去休息，等到下午再出来觅食；如果来到一片开阔的觅食地，它们则会先停下脚步，直起脖子，左右转动头部，以观察周围是否安全，然后才开始觅食，这是它们应对天敌的防御策略。

除了觅食，饮水也是绿孔雀每天要做的事情之一。通常情况下，它们会在上午6~11点和下午1~5点饮水。有时是单只个体去，有时则结群一起去。如果是一群，首领绿孔雀便会走在前面，带领大家寻找水源地。在喝水时，绿孔雀身体站立，头部接近水面，将喙伸进水中吸吮，几秒后抬起头，脖子呈"S"形，将水吞咽下去。

之后，它便停下来观察周围片刻，再继续喝水，周而复始，直至离开。

绿孔雀之所以选择在早晨和下午进行觅食、饮水，最主要的原因是为了避免午时强烈的日晒，因此空余时间它们便隐蔽起来或者休息。绿孔雀会到觅食点附近的茂密树林中栖息，在那里通常不会被干扰。如果上树，它们会选择4~9米高的大树，同样先是在树枝上站一会儿，在确认安全后，再卧下。隐蔽或休息的同时，它们还会整理羽毛。

鸣叫时，绿孔雀一般颈部或头部直立，身体和尾巴下降。繁殖期，它们的鸣叫会明显增加。虽然绿孔雀的鸣叫没有鸣禽那样丰富多彩，不过仔细辨别，还是可以发现每一种声音都具有其独特的含义。

绿孔雀的各种行为中，人们最为期待的，莫过于"孔雀开屏"了。开屏其实是雄孔雀的炫耀行为，以此来吸引雌孔雀。在发情期，雄孔雀会选择一块开阔区域进行"跳舞表演"，这是绿孔雀的一种策略，因为开阔区域更容易被雌孔雀发现，在获得更大舞蹈空间的同时，也容易发现干扰因素和天敌。有意思的是，不仅成年的雄孔雀会在开阔区域跳舞，亚成年的雄孔雀也会这样做，但是它们的目的不是吸引异性，而是为了学习跳舞。

在跳舞的过程中，如果雌孔雀接近雄孔雀，雄孔雀便会打开所有的羽毛，也就是"开屏"了。雄孔雀在开屏的时候会提起整个婚羽并展开，由尾羽支撑，形成一个巨大的扇形，上面布满金属绿色和紫色，羽毛形成带有绿色边缘的蓝色"眼睛"图案。此时，如果雌孔雀从前面靠近雄孔雀，雄孔雀的婚羽就会振动，持续数分钟，并伴有像拨浪鼓一样的声音。为了吸引雌孔雀，雄孔雀有时会突然转身，将尾巴展示给雌孔雀，随后又与其面对面，振动着巨大的婚羽。

如果雌孔雀同意雄孔雀的求偶，便会蹲伏身体，与雄孔雀进行交配。但如果雌孔雀对雄孔雀的舞蹈不感兴趣，就会继续先前的活动，比如觅食、喝水，或者移动到其他地方，而此刻，雄孔雀也会停止舞蹈。

在繁殖期，雄性绿孔雀间还会经常上演打斗场面，它们之间的安全距离从 1 至 100 米不等。当两只实力相当的绿孔雀彼此走近的时候，它们会跳起来打斗，直到一方获胜，打斗才终止。有时候战斗结束了，获胜的一方还会去追逐失败者。对于雄孔雀是否会占领对方的领域还不得而知，但成年雄孔雀会彼此保持一段距离，尤其在繁殖期的时候，这个距离是非常明确的。

水生动物

这些工艺品不要买

在沿海地区旅游时，琳琅满目的旅游纪念品中，你一定能见到用螺或贝制成的精美工艺品。其实将螺或贝制作成装饰品或者工艺品的做法，自古就有。我国古代，用"螺钿"形容此类装饰工艺，指用螺壳、海贝磨出文字或人物、花鸟等图案，制成薄片，根据画面需要而镶嵌在器物表面。清代诗人刘应宾用"螺钿妆成翡翠光"来形容螺钿这门工艺。

人们为什么选择螺与贝？它们有什么魅力？如果为了螺钿的美丽不加挑选地生产，将会给自然环境带来什么影响？

我们俗称的"螺"与"贝"是海洋中的软体动物，螺钿能成为一项传统工艺，正是得益于软体动物的物种多样性。软体动物是动物界除节肢动物外的第二大动物门类，是海洋动物中极为丰富多样的类群之一。

软体动物的一大独特之处就是它们有着千姿百态的造型，其中的奥秘就在于一种名为 Hox 的基因，它在软体动物的身体构造中发挥着重要作用。Hox 基因是动物发育的关键基因，它在其他动物身上比较保守，而在软体动物中的表达模式非常多样化。

不过，人们并不应该因为螺和贝的高颜值，而任意拿来制成工艺品。它们纵然美丽，但它们的生态价值比观赏价值要高得多，比如夜光蝾螺和砗磲。

螺钿工艺品 ▶

动物小档案

■学名：夜光蝾螺
■门：软体动物门
■纲：腹足纲
■目：原始腹足目
■科：蝾螺科
■属：蝾螺属
■保护级别：国家二级
保护野生动物

　　夜光蝾螺壳大、质坚厚，高度和宽度几乎相等，壳长可达20厘米，重达2千克，分布在印度洋、太平洋的珊瑚礁中。我国的海南岛南端、西沙群岛、南沙群岛及台湾岛南部都有分布。

▶ 蝾螺

日本民间俗语："蝾螺之拳，白鱼之手"，意思是说男子的拳头要像蝾螺一样彪悍，女子的手要像白鱼一般温柔纤细。当然这只是古代的审美，似乎并不完全符合今天健康的审美观，但这句话足见蝾螺类生物外表大而坚硬的质地。此外，蝾螺还拥有漂亮的口盖，口盖内侧是光滑的角质，有种浑然天成的美感。

夜光蝾螺并非在黑暗中发光，是因为螺壳内有闪烁着华丽光泽的珍珠层而得其名。夜光蝾螺表面暗绿色，具有褐色、白色或红色相间的环纹，壳口大，近圆形，内面呈银白色。夜光蝾螺形体大，壳面还能刻绘出多种花纹，内侧珍珠层厚，因而自古便是美丽的观赏品和工艺品，成为制作螺钿的重要原料。

动物小档案

- 学名：大砗磲
- 门：软体动物门
- 纲：双壳纲
- 目：帘蛤目
- 科：砗磲科
- 属：砗磲属
- 保护级别：易危、国家一级保护野生动物

和夜光蝾螺一样，砗磲也是大有来历的。"砗磲"一名始于汉代，又被称为"车渠"，因其外壳有一道沟槽，状如车辙而得名。

砗磲亚科分为砗磲属和砗蚝属，我们通常所说的"砗磲"是砗磲属下多个物种的统称，包括9个不同的种。例如大砗磲，也被称为库氏砗磲，就是砗磲属下的一员。目前，

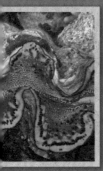

◀ 大砗磲

砗磲科的所有种都被列入《世界自然保护联盟濒危物种红色名录》中，其中，大砗磲更是被列为国家一级保护动物。

大砗磲是全球最大的双壳贝类，长约 1.3 米，重量可达 300 千克。大砗磲的壳体本身是白色的，其外壳粗糙，有外套膜和共生藻类；但其在海里张开贝壳时，体内的颜色却十分丰富，呈现出绚丽色彩。大砗磲主要分布在热带太平洋至印度洋的珊瑚礁系统浅水环境中，深度一般不超过 30 米，多为 2~5 米。

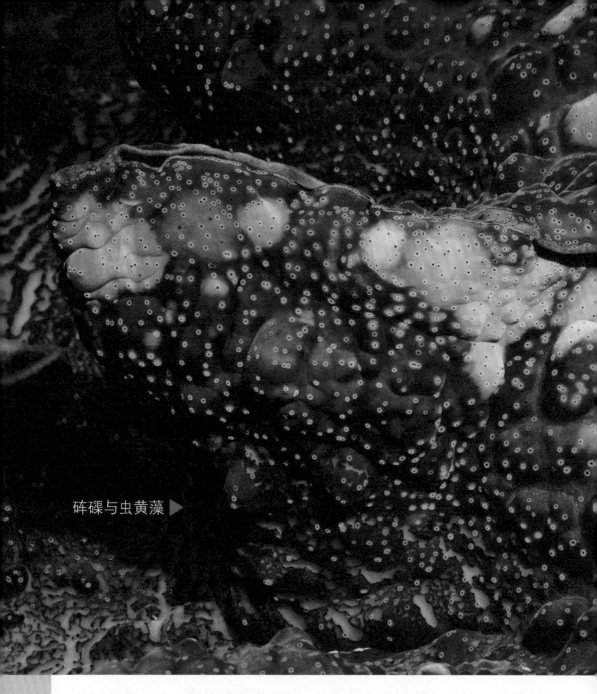

砗磲与虫黄藻 ▶

　　砗磲在中国历史上曾经大放异彩，东汉伏胜《尚书大传》记载了西周开国功臣散宜生曾经用砗磲敬献商纣王，成功营救周文王的故事。用一只砗磲能从帝王手中救下一人，足见砗磲的价值。另外值得一提的是，清朝时期，二品官员上朝时穿戴的朝珠就是用砗磲制作而成的。

　　到了现代，相比于观赏价值，砗磲更为重要的生态价值被发现。砗磲是重要的"气象观测站"，可以忠实地记录气候的演变。一方面，

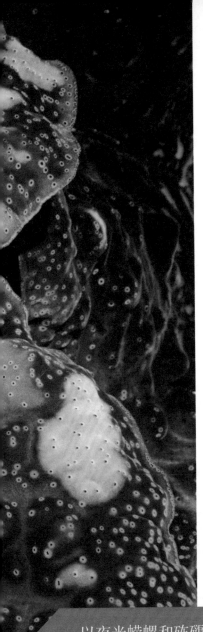

这得益于砗磲寿命长，一般来说，砗磲可以活 50~100 年，这就意味着单个砗磲可以提供 50~100 年的气候或天气记录。另一方面，砗磲如同树木一样，一旦在珊瑚礁固定后，一辈子都不会移动，类似于固定的气象站，这也是它能够记录天气的重要原因之一。相反，如果砗磲不停地移动，很难完整记录到天气变化。

砗磲与虫黄藻的合作共生是记录天气的关键。砗磲表面的外套膜上生活着虫黄藻，虫黄藻利用光合作用为砗磲提供能量。

虫黄藻对于天气变化比较敏感，天气一变化，其光合作用效率就会变化，这会直接导致砗磲的生长速度发生变化。砗磲的生长速度可以从截面上的纹层体现出来，其名为年纹层，也就是砗磲的"年轮"。

通过年纹层，我们可以得知砗磲一生中所经历的天气变化。借助现代的同位素技术，我们又能把一年的纹层情况细分出 12 个月，可以获取总长度为 50~100 年的砗磲所在地的平均温度和气候变化情况。

以夜光蝾螺和砗磲为代表的软体动物，对海洋生态系统能产生很大的影响。它们直接取食植物、藻类和有机碎屑，是海洋食物链中的重要环节。

然而，气候变化导致的水温上升、海洋酸化，给海洋生态系统造成了严重影响，与藻类合作共生的螺与贝等软体动物成为最先受害者，它们正承受着海洋变化带来的各种影响。此外，人类的捕捞活动和污染海洋的行为，也严重影响了这些海洋生物的生存。

对地球而言，对人类而言，保护这些海洋软体动物，已经刻不容缓。如果见到夜光蝾螺或砗磲的工艺品，请一定不要购买！

白鲟为什么会灭绝

动物小档案
- 学名：白鲟
- 门：脊索动物门
- 纲：硬骨鱼纲
- 目：鲟形目
- 科：匙吻鲟科
- 属：白鲟属
- 保护级别：灭绝、国家一级保护野生动物

2022 年，世界自然保护联盟正式宣布白鲟灭绝。白鲟是我国特有的珍稀动物，早在 1983 年，《国务院关于严格保护珍贵稀有野生动物的通令》中已经将白鲟列为国家一级保护野生动物，可惜经过几十年的努力，白鲟还是没能保住。

▲ 中华鲟也十分稀少，处于"极危"等级

2003，中国科学家最后一次救助并放生一条白鲟；2009 年，世界自然保护联盟将白鲟列入"极危"等级；2020 年，世界自然保护联盟宣布，白鲟已功能性灭绝。在 20 世纪 90 年代，还可以捕捉到白鲟的幼鱼，可是那个时候还没有探索出白鲟的繁育技术。当后来具备白鲟繁育技术了，却再也捕捉不到白鲟幼鱼了。白鲟并没有等到人类技术进步到可以挽救它们的那一天。

★★★★★★

功能性灭绝，指某个或某类生物在自然条件下，种群数量减少到无法维持繁衍的状态。也就是说，某物种在宏观上已经灭绝，但尚未确认最后的个体已经死亡的状态。

功能性灭绝是物种灭绝的前兆，当一个物种停止繁殖后，最终灭绝只是时间问题，即无法产生后代而不可避免地使种群走向灭绝。因此功能性灭绝的物种被称作"僵尸物种"。

白鲟灭绝备受关注的同时也带来了一些困惑：自然界本身就有旧物种的灭绝和新物种的产生，假如没有旧物种灭绝，地球上的生态位可能早就没有了，为什么白鲟的灭绝如此引人瞩目呢？

对于物种的灭绝，我们要分两种情况：其一是自然状态下因无法适应环境或者与其他物种竞争导致灭绝；其二是因为人类活动导致本不该灭绝的物种灭绝了。前一种情况是在自然状态下发生的，比如恐龙的灭绝。在自然状态下，旧物种的灭绝为新物种的生存腾出空间。假如没有恐龙的灭绝，也难以迎来哺乳动物的盛世。这种情况下，一个物种灭绝后会有新的物种弥补它的生态位，对整个生态系统影响不大。

但是，白鲟属于另一种情况，它是因为人类活动而灭绝的。也就是说白鲟在自然界本不该灭绝，是人类活动导致了其灭绝。白鲟是一种古老的鱼类，在地球上存在了上亿年之久。1991年，中国地质博物馆的卢立伍研究员在辽宁凌源发现了一件具有长吻部的鱼类化石，其特征与古白鲟相似，经过古生物学家鉴定，属于白鲟科。这一发现说明白鲟与其他鲟类一样，在侏罗纪就已经出现。

早在2000多年前，中国古人就对白鲟有所了解。《诗经》中有"有鳣有鲔，鲦鳢鰋鲤"之句，其中的"鲔"就指白鲟。白鲟曾经广泛分布于中国长江的干支流和湖泊中，如沱江、岷江、嘉陵江、钱塘江，以及洞庭湖、鄱阳湖。民间曾经流传"千斤腊子万斤象"，其中"腊子"是中华鲟，而"象"，即象鱼，就是白鲟的俗称。不过现实中还没有记录到万斤的白鲟。根据动物学家秉志的记录，20世纪50年代，有渔民在南京曾捕到7米长的白鲟，体重908千克，这是世界上淡水鱼类体长的最高记录。

中华鲟也十分稀少，处于"极危"等级

然而，近几十年来，由于修建大坝、过度捕捞、水污染等，破坏了白鲟的栖息地，使得其种群日益减少。

　　白鲟为中下层鱼类，在长江干流及一些水量较大的支流都有分布，幼鱼多在中下游至河口及附属水体觅食，性成熟后溯河产卵，其产卵场在金沙江下游的宜宾江段。每年的 2—3 月是白鲟的繁殖季，它们会上溯到长江上游产卵。白鲟的卵带黏性，沉到水里，一条 30 千克的雌鱼可以产下 20 万粒卵。

　　长江葛洲坝水利枢纽兴建后，中下游的白鲟被大坝阻隔，不能上溯到上游繁殖。大坝截流后，大批白鲟和未成熟的个体被拦在坝下，使上游种群数量下降。但由于产卵场未破坏，坝上的亲鱼仍能繁殖生长。随后科学家发现，长江葛洲坝截流后，在坝下又出现了一个白鲟产卵场，每年 6—7 月，重庆万州、湖北宜昌、湖南岳阳以及上海崇明等地江段

出现大量白鲟幼鱼。不过，长江上的大坝不止葛洲坝，如果大坝过多，会将白鲟的栖息地分割成一座座"孤岛"，这对其生存是极为不利的。

　　白鲟灭绝后没有物种补充它的生态位，会造成一系列连锁反应，导致和白鲟相关的 20~30 个物种的生存受到威胁。此外，白鲟在长江中生态位类似于陆地上的老虎，都属于顶级掠食者，它们通过食物链的形式来维持生态平衡。白鲟为一种肉食性鱼类，以其他鱼类为食。1983 年，中国科学院水生生物研究所曾经解剖过一条长 354 厘米、体重 148 千克的白鲟，在它的胃中，取出了一条 3.7 千克的青鱼和一条 4 千克的鲤鱼。白鲟的食性随季节和环境发生变化。在长江上游，春夏季以鲷鱼为主，秋冬季则以虾虎鱼和虾类为主；在长江下游江段，白鲟则以鲚鱼和虾蟹类为主。越是顶级掠食者，越容易受到人类活动的干扰和破坏，种群恢复极为困难，这种不可逆的过程会导致长江生态系统失衡。

▼ 人类的水利工程对很多动物来说是一种灾难

儒艮消失后的思考

继白鲟灭绝后，又一水生动物——儒艮，在中国境内被宣告功能性灭绝。这些物种灭绝之后，带给我们一些关于环境和动物保护的思考。这一次为什么是儒艮？下一声丧钟又会为谁敲响？

★★★★★★

很多文学作品将儒艮认定为"美人鱼"的原型，如果只看"脸"的话，儒艮与美人鱼实在是相去甚远，那人们为什么以美人鱼来形容它呢？

原来，雌性儒艮在给幼崽哺乳的时候，通常会将幼崽抱在胸口，并将头和胸部露出水面，非常像神话传说中"人鱼"的形象；而有时候，儒艮露出水面，还会顶着一头水草，远远看上去就像美女一样。

动物小档案

■学名：儒艮

■门：脊索动物门

■纲：哺乳纲

■目：海牛目

■科：儒艮科

■属：儒艮属

■保护级别：易危、国家一级保护野生动物

可能很多人都没有听过"儒艮"这个名字，更不用说见过了。即便是水生生物专家，亲眼见过儒艮的也寥寥无几。儒艮是海洋中的哺乳动物，在亲缘关系上，它和海洋中的动物都不近，反而和陆地上的大象是近亲。中国科学院深海科学与工程研究所李松海研究团队曾在《皇家学会开放科学》上发表文章称：儒艮在中国境内已经功能性灭绝。这一沉痛消息的背后，带给我们更多的思考和疑问。

如何证明儒艮在中国境内已功能性灭绝?

根据李松海团队的研究，在20世纪，儒艮种群经历了快速减少。团队调查了中国4个省份的沿海海域，以及能查阅到的所有历史数据记录，发现在788名受访者中，只有5%的人声称曾见过儒艮，最后一次见到儒艮的平均时间是在23年前。

有关儒艮的历史记录在1960年左右达到高峰，1975年以后急剧下降，2000年以后没有再实地观测到儒艮。李松海团队最近收集到的三次可能见到儒艮的地点都在广东汕头东部的海域，这是广东省历史上儒艮分布区中较远的地方。

近几十年来，儒艮种群数量

急剧下降，加之海洋环境持续恶化，即便今天个别儒艮仍然存活于中国海域，也缺乏海草来维持儒艮的最小繁殖种群。

儒艮功能性灭绝是不是意味着这个物种永久性消失了?

我们知道，功能性灭绝是指种群数量减少到无法维持繁衍的状态。中国境内的儒艮被宣告功能性灭绝，但是儒艮这个物种并没有消失。比如，在菲律宾北部约600千米的海域有一个儒艮种群，这个儒艮种群目前健在，但这个儒艮地理群和中国境内之前的地理群存在怎样的遗传关系还不得而知。理论上还存在一种可能性：中国境内的儒艮群迁徙到此，因而保留下来。

造成儒艮在中国功能性灭绝的原因是什么?

儒艮在中国境内功能性灭绝的主要原因是过度捕捞和环境污染引起的食物短缺。历史上，渔民对于捕捞儒艮的兴趣不大。但是，20世纪五六十年代，儒艮的捕杀量大大增加。仅广西合浦县，就曾在三年内累计捕捞儒艮216头，这个数量对于儒艮来说几乎是毁灭性的打击。

其次，儒艮是海洋中植食性哺乳动物，对于食物消耗大，其食物主要来源于海草，比如羽叶

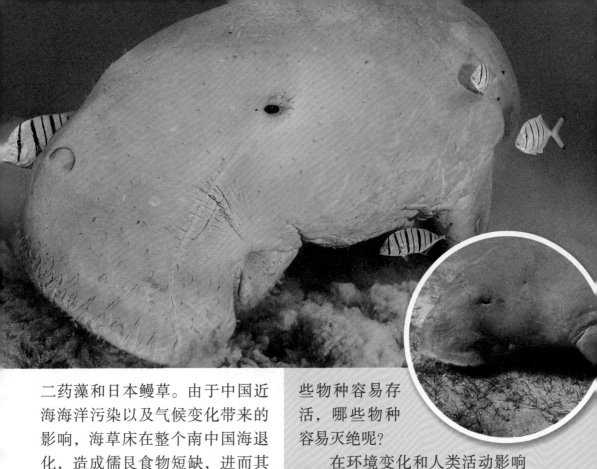

二药藻和日本鳗草。由于中国近海海洋污染以及气候变化带来的影响，海草床在整个南中国海退化，造成儒艮食物短缺，进而其种群锐减。

再者，中国对于儒艮的保护较晚，失去了最佳保护的窗口期。虽然早在 1955 年，中科院动物研究所寿振黄研究员就曾经呼吁保护儒艮，但直到 1986 年，才设立以保护儒艮为主的省级保护区，为时已晚。

海洋动物千千万，为什么功能性灭绝的是儒艮？

生活在中国近海的物种都面临过度捕捞和海洋污染的问题，为何功能性灭绝的是儒艮而不是其他物种呢？这个问题可以换一个问法：在人类活动影响下，哪些物种容易存活，哪些物种容易灭绝呢？

在环境变化和人类活动影响下，那些寿命长、性成熟晚、繁殖率低的物种，特别容易灭绝。此外，根据保护生物学的相关研究，体重（体型）越大的动物越容易灭绝。海南大学张知彬团队的研究表明：灭绝率和体重呈正相关。儒艮作为海洋大型哺乳动物，寿命长、繁殖能力差，且对环境比较敏感，容易受到威胁。大型动物一旦种群受到威胁，恢复起来非常困难。另一方面，儒艮是海洋中的"大胃王"，且食物单一，对水草依赖严重，而近海污染严重，影响水草的生长，这对儒艮的生存极为不利。

如今在埃及红海潜水有机会遇到
儒艮，但请不要触摸它们

是否有办法重新引进儒艮？

儒艮是一种分布比较广泛的海洋生物，在大洋洲、美洲、非洲、亚洲都有分布。理论上，我们可以从其他区域引进儒艮，但是，这依然无法弥补中国境内儒艮功能性灭绝带来的损失。

一个物种的种群是否稳定不能只看数量，还要看遗传多样性。中国境内的儒艮功能性灭绝意味着这部分遗传多样性已丧失。这对于世界物种遗传库和儒艮遗传资源来说是一个重大损失，且这个损失是不可逆的。

此外，即便是想要重新引入儒艮，也绝非容易的事情。这不同于在

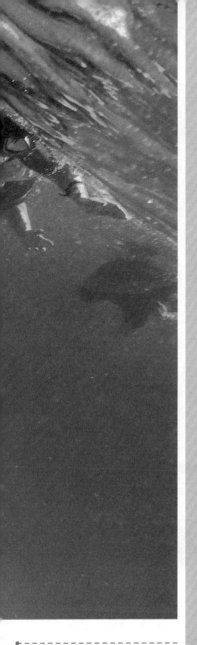

海洋馆养几只供大家观赏。要想恢复最小种群，必须要保证儒艮生活的适宜栖息地。如果不具备条件适宜的栖息地，即便是引进再多的儒艮也会重蹈历史覆辙。

儒艮的功能性灭绝对我们有什么启示?

儒艮的功能性灭绝不是个例，它们代表了一类动物，给物种多样性的丧失敲响了警钟。人类活动已经改变了物种的类群，造成物种多样性不断丧失。

值得注意的是，当前保护生物学关注因人类活动而濒危或者灭绝的物种，但是忽略了因为人类"保护"而带来的问题。随着中国近40年来对野生动物保护力度的加强，许多物种的种群得到恢复，尤其是食草类动物和小型兽类，比如藏羚羊、羚牛、豹猫等。

但此时，我们面临一个新的挑战——生态失衡。由于物种自身的属性，大型捕食者一旦种群锐减，其恢复相当困难。我们当前建立的许多保护区，面临的一大问题就是大型掠食者缺失，一些有蹄类动物失去天敌制约，造成生态失衡，比如全国各地的野猪泛滥。

与此同时，一些类群得到的关注远远不够，保护难度与日俱增，尤其是水生物种和两栖爬行类动物。如中国龟鳖类动物，以及儒艮等海洋哺乳动物，都是非常脆弱的类群，保护难度大，得到关注少。水生物种比陆地动物保护形势更为复杂和严峻，原因在于，一旦造成水污染，会产生全局性问题，很难在短期改变。

儒艮在我国的功能性灭绝，希望能引起全人类足够的重视，关注之前被忽略的类群，正视现存的问题，不要让类似的悲剧重演。

传说中的"海蛮狮"

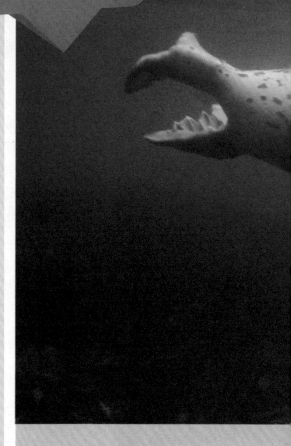

每年的3月1日是国际海豹日，是为保护海豹而设立的节日。海豹是海豹科下13属的18种动物的统称，与海狮、海象等动物一起，被称为鳍足动物。从亲缘关系上看，海豹和狗的关系较近，它们是由共同的陆生食肉类祖先衍化而来。中国有3种海豹，分别为斑海豹、环斑海豹、髯海豹，其中斑海豹被列为国家一级保护野生动物。

动物小档案

- 学名：斑海豹
- 门：脊索动物门
- 纲：哺乳纲
- 目：鳍足目
- 科：海豹科
- 属：海豹属
- 保护级别：数据缺乏、国家一级保护野生动物

早在北宋时期，古人就对海豹有所记载和了解。北宋的沈括在《梦溪笔谈》中说道："嘉祐中，海州渔人获一物，鱼身而首如虎，亦作虎文。有两短足在肩，指爪皆虎也。长八九尺，……谓之海蛮师（狮）。"根据描述，我们可提取几个关键词："海州""鱼身""虎首""两短足在肩""长八九尺"。其中，"鱼身""虎首""两

短足在肩"很明显都是对鳍足类动物的描述。再来看其分布地点，宋代的海州和现今的海州区位置大体一致，在中国连云港，这里正是斑海豹的分布区域。另外，成年斑海豹体长可达2米，和"长八九尺"的描述大致吻合。因此，《梦溪笔谈》中的"海蛮狮"很有可能就是斑海豹。

明朝李时珍的《本草纲目》中也有记载："今出登、莱州，其状非狗非兽，亦非鱼也。但前即似兽而尾即鱼，身有短密淡青白毛，毛上有深青黑点，久则亦淡。腹胁下全白色……"现实中的斑海豹全身生有细密的短毛，背部灰黑色，并布有不规则的棕灰色或棕黑色斑点，腹面乳白色、斑点稀少，这和李时珍的描述基本吻合。

◀ 成年斑海豹和幼崽

　　斑海豹，亦称为大齿海豹，是一种分布于西北太平洋的海豹，也是唯一在中国繁殖的海豹，主要分布于渤海和黄海北部，偶见于东海、南海，其主要繁殖区集中在辽东半岛渤海一侧及山东半岛北侧。

　　每到繁殖期，斑海豹由集群生活转为家庭生活，它们以单一冰块为单位划分家庭活动区域，雌雄斑海豹伴居于同一浮冰上，产崽后同仔兽组成一个"家庭群"。通常一块浮冰上只有一个"家庭群"。

　　初生的斑海豹仔兽身披白色绒毛，一个月左右这些胎毛会脱换掉。斑海豹是海中的游泳健将，然而初生的仔兽却不会游泳，它们只能待在冰块上。这个时期，仔兽防御能力弱，往往还增加了被捕杀的风险。遇到危险，比如有船驶近浮冰时，斑海豹爸爸会先跳入水中逃走，而妈妈则在船离近后才下水，它不会远离，且屡次爬上附近的冰块，或在水中时常露出头来，窥视仔兽的情况。当船远离冰块后，妈妈立即爬上冰块寻找孩子，如果找不到小斑海豹，它便会跟在船后一直游，也正因如此，斑海豹可能被趁机捕杀。

　　斑海豹的哺乳期在一个月左右，待到哺乳期结束、仔兽脱换胎毛后，亲兽才离开。仔兽开始独立生活，"家庭群"也宣告解散。在浮冰融化或破碎之前，仔兽必须要结束哺乳期并在水中独立生活，这是对环境适应的结果。斑海豹出生后第一年生长最快，性成熟后生长缓慢，雌性生长至10年体长不再增加，雄性生长至14年体长不再增加。

除了繁殖、换毛季节，斑海豹会上到浮冰或岸边，它们大部分时间是在水中生活、觅食的。斑海豹主要捕食鱼类和头足类动物，如梭鱼、枪乌贼、脊尾白虾、小黄鱼等。斑海豹的牙齿和犬科动物比较像，有门齿、犬齿、臼齿之分，但牙齿只有咬住和防止食物从口中滑脱的作用，没有咀嚼功能。

斑海豹在海中主要依靠声音进行交流，对声音极度敏感，它们在空气中与水下均具有出色的发声能力，尤其是在求偶期和繁殖期的时候。繁殖期，雄海豹抵御威胁时会发出"威吓声"，雌海豹寻找幼海豹时会发出"呼唤幼崽声"。斑海豹幼崽发声信号的峰值频率与成年斑海豹相差不大，但发声持续时间比成年斑海豹长。

斑海豹在繁殖期声音交流频繁，只要有一个个体遭到噪声的干扰而警觉，其余的个体也将会跟着警惕起来，过度的警戒会影响到它们的正常生活。科学家发现，一些海洋作业及船舶噪声的主要能量分布频段（0~4000赫兹）与斑海豹听阈敏感频段（100~100000赫兹）及其发声频段（400~1500赫兹）相重叠；此外，海洋工程如水下打桩，其产生的噪音强度多在260分贝以上，大大超出斑海豹的承受能力（190分贝）。海豹在鳍足类动物中的听阈最为敏锐，因此海洋工程所产生的水下噪声对斑海豹的听力和交流都会造成干扰，轻者对其个体造成惊吓，屏蔽动物群体的声音交流信号；重者将可能造成斑海豹暂时甚至永久性听力丧失。

　　斑海豹种群数量减少的主要原因为环境恶化、过度猎捕、海洋污染等。

　　20 世纪以来，中国野生斑海豹数量下降很快，学者董金海和沈峰利用 1930—1990 年的捕获统计数据，对辽东湾斑海豹的种群数量变化进行了估计。该种群在 20 世纪 30 年代初有 7100 头，并于 1940 年达到最高峰 8137 头；20 世纪 40—70 年代末，由于过度捕杀，种群数量几度下降，1979 年只有 2269 头。

　　我国渤海辽东湾结冰区，是世界上斑海豹 8 个繁殖区中最南的一个，由于长期过度捕捞和近年来渤海油田开发、海洋工程噪声、海水污染等因素，严重影响了斑海豹的繁殖栖息环境，对其生存构成了极大威胁。我国于 1988 年将斑海豹列为国家二级保护动物，于 1992 年和 2001 年分别建立了大连斑海豹国家级自然保护区和山东庙岛群岛斑海豹自然保护区。即便如此，保护力度远远不够，斑海豹种群依旧岌岌可危，如今已经不足千头。

最后的 "单身汉"

如果你看过《西游记》，一定会对"老鼋"有着深刻印象。唐僧取经回程，老鼋驮着唐僧渡通天河，但得知唐僧师徒忘记了它之前的请求，便生气地将唐僧甩落河中。通天河落水，正是"九九八十一难"的最后一难。

那么，老鼋究竟是个什么动物呢？按照"鼋"这个名字来看，应该指龟鳖一类的动物，又因其形体很大，所以很多人猜测，老鼋的原型是斑鳖。

动物小档案

- ■学名：斑鳖
- ■门：脊索动物门
- ■纲：爬行纲
- ■目：龟鳖目
- ■科：鳖科
- ■属：斑鳖属
- ■保护级别：极危、国家
  一级保护野生动物

斑鳖也称斯氏鳖或黄斑巨鳖，是世界上最大的淡水鳖，背甲长度可达 57 厘米，体重可达 115 千克。早在人类出现之前，斑鳖就已经在地球上存在了，斑鳖家族曾经非常庞大，广泛分布在中国的长江流域（钱塘江、太湖一带），以及中国云南元江至越南红河流域。

早在 3000 年前，商朝的青铜铭文中有记载：商王在洹河射杀了一只斑鳖，随后下令以斑鳖为原型铸造了青铜鼋。那个时期，斑鳖被称为鼋。现在鳖科家族中也有一位成员叫"鼋"，实则有些张冠李戴了。商朝青铜鼋的外形，较明显的两处特征就是硕大的头部和突出的鼻吻，那正是斑鳖的特征。而如今叫作"鼋"的动物，头部略小，鼻吻部不突出，和斑鳖并不是一个属。

太湖 ▶

赑屃 ▶

西周时期，周穆王在行军途中遇到九江阻隔，无法渡过，情急之下，周穆王下令捕捉斑鳖和扬子鳄，用来填河造桥。这就是后世成语"鼋鼍为梁"的来源。这个典故足以证明，在西周时期，斑鳖拥有一个庞大的家族，否则其数量不足以填河造桥。

中国古典四大名著中，有两部提到了斑鳖。除了开头提到的《西游记》，《红楼梦》第二十三回也有。这一回中，贾宝玉说："明儿我掉在池子里，教个癞头鼋吞了去，变个大王八，你明儿做了'一品夫人'病老归西的时候，往你坟上替你驮一辈子的碑去。"这里的癞头鼋正是斑鳖的俗称，尤其在江浙一带流传。

"驮一辈子的碑"又是什么意思呢？我们今天在许多古代建筑中，经常能看到巨大的石碑立在一只神兽背上，那神兽似龟似鳖，名为"赑屃"（bì xì），又名霸下，相传是龙的第六子，具有天生神力，可以背负三山五岳。赑屃的原型也正是斑鳖。

随着人类活动的增多，曾广泛分布的斑鳖逐渐减少。尤其进入 20 世纪之后，斑鳖家族遭到了毁灭性的打击。20 世纪 60 年代，随着污染加剧、环境恶化、人类过度捕捞，斑鳖在长江的家族遭遇灭顶之灾。斑鳖家族的另外一支，生活在中国云南的元江至越南的红河流域，但这一支也没有好到哪里去。19 世纪五六十年代，云南的斑鳖还比较多，70 年代也尚有一定数量。可是，这个时期，这一流域的斑鳖遭受人们大规模地捕捞，被抓之后流落到国内各个动物园。由于长期的过度捕捞，2006 年之后斑鳖在元江——红河流域彻底销声匿迹。

直到 20 世纪 90 年代，斑鳖才受到人类的重视，而此时斑鳖的数量已经少得可怜。上海动物园和北京动物园的两只斑鳖分别于 2006 年底和 2005 年死亡。苏州西园寺放生池内有一雌一雄两只斑鳖，雄斑鳖"方方"历经 400 多年的岁月，于 2007 年死亡；雌斑鳖"圆圆"一直未能实际观测到。

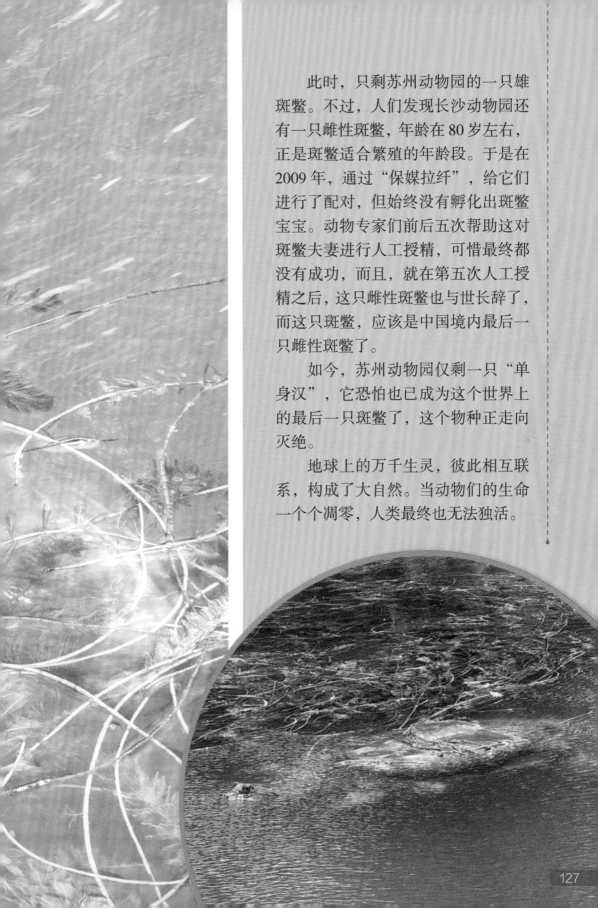

此时，只剩苏州动物园的一只雄斑鳖。不过，人们发现长沙动物园还有一只雌性斑鳖，年龄在80岁左右，正是斑鳖适合繁殖的年龄段。于是在2009年，通过"保媒拉纤"，给它们进行了配对，但始终没有孵化出斑鳖宝宝。动物专家们前后五次帮助这对斑鳖夫妻进行人工授精，可惜最终都没有成功，而且，就在第五次人工授精之后，这只雌性斑鳖也与世长辞了，而这只斑鳖，应该是中国境内最后一只雌性斑鳖了。

如今，苏州动物园仅剩一只"单身汉"，它恐怕也已成为这个世界上的最后一只斑鳖了，这个物种正走向灭绝。

地球上的万千生灵，彼此相互联系，构成了大自然。当动物们的生命一个个凋零，人类最终也无法独活。

图书在版编目（CIP）数据

你好，动物翻译官 / 赵序茅著 . —广州：广东人民出版社，
2024.8

（明见·少年科学教育系列）

ISBN 978-7-218-17438-9

Ⅰ.①你… Ⅱ.①赵… Ⅲ.①动物—少年读物 Ⅳ.
① Q95-49

中国国家版本馆 CIP 数据核字（2024）第 057059 号

NIHAO, DONGWU FANYIGUAN

你好，动物翻译官

赵序茅 著

出 版 人：肖风华

责任编辑：李力夫
责任技编：吴彦斌
装帧设计：WONDERLAND Book design
　　　　　仙境 QQ:344581934

出版发行：广东人民出版社
地　　址：广州市越秀区大沙头四马路 10 号（邮政编码：510199）
电　　话：（020）85716809（总编室）
传　　真：（020）83289585
网　　址：http://www.gdpph.com
印　　刷：三河市中晟雅豪印务有限公司
开　　本：787mm×1092mm　1/16
印　　张：30.5　字　　数：360 千
版　　次：2024 年 8 月第 1 版
印　　次：2024 年 8 月第 1 次印刷
定　　价：168.00 元（全 4 册）

如发现印装质量问题，影响阅读，请与出版社（020-85716849）联系调换。
售书热线：（020）87716172